ミニマムエッセンス統計学

三土修平

日本評論社

はしがき

　本書は題名のとおり，統計学を学ぶ以上知っておくべき最低限の要点をまとめた本です．といっても，結果を羅列するのではなく，統計学という学問に固有のいくつかの特徴的な考え方を，基礎のレベルでできるだけ平易に解説することを主眼にしたものです．読者としては文科系に属する統計学未修の学生や，社会人を念頭に置いています．

　統計学の入門書というと，具体的な統計調査の分析にすぐに役立つ知識だけを提供するハウツーものか，あるいは，論証が厳密すぎてふつうの人には近寄りがたい本か，どちらかであることが多いものです．本書は，理由の説明を重視する点ではハウツーものとは異なる立場に立ちますが，道具立ては極力平易なものにして，文章による説明と数字をならべた表程度の道具だけを使って，統計学的な論理の筋道を誤りなく理解させるようにと，配慮しています．

　到達レベルについては欲張らず，2行2列の表の中に現れる数値の評価（新薬治験などの際にテーマとなる「比率の差の検定」とよばれる問題）を最終目標に置き，すべての知識がそこに向かって流れ込むように，章立てを工夫してあります．

　確率論については必要最低限のレベルで言及するにとどめ，厳密な議論は省略しました．初学者が統計学の入門書に接する場合，純粋数学めいた確率論への深入りに嫌気がさして，読む気力を失う場合が多いからです．

　また，数学に強くない人をいたずらに恐れさせる和の記号 Σ の使用も避け，二項分布の公式でさえ，脚注に載せるにとどめて，本文の必修事項には含めませんでした．統計学を初めて学ぶ者に

とっては，そのような数式を使いこなせることよりも，考え方の大きな筋道を理解し，「1500人中の500人を調べたときと同じだけの精度を得るには，9000万人中では3000万人を調べなければならない」というような誤った推論（Part 5の練習問題 4）をしないですむようになることのほうが大切だと思うからです．

　ただし，Part 3の「関係の分析」に関しては，同レベルの初級の本に比べると，やや記述を詳しくしてあります．これは私の独自の考えによるものです．私は，およそ統計学を学ぶ以上は，推定や検定のむずかしい議論に入る前に，わかりやすい記述統計のレベルで，二変量間や三変量間の関係についての考察に慣れ親しんだほうが，長い目でみた場合，より効率的に学習が進むと考えているからです．事実，古い伝統のある教科書である森田優三・久次智雄著『新統計概論』（日本評論社）などは，その点によく配慮しており，まずは読者を「関係の分析」に慣れ親しませて，問題意識をじゅうぶんに涵養し，「こうした分析をさらに深めるためには，標本と母集団の関係について，理論的考察を整えて進む必要があるのだ」と，おのずと納得できるように仕向けています．私もその方針を受け継いでいるのです．

　重点をそこに置いた結果，Part 5の「推定と検定の論理」では，設例は二項分布とその正規近似が使える範囲内にとどめることになり，t分布とか，カイ二乗分布とか，F分布とかいったむずかしい話は，いっさい出さないことになりました．

　この到達レベルは，統計学の知識としては入門段階のさらに半ばぐらいのもので，山登りでいえば，めざす山脈の最初の峰のさらに五合目ぐらいです．でも，統計学という学問は，その独特の思考法の基礎を理解するだけでずいぶんと手間のかかる学問ですから，途中でしっかり休憩をとって，知識を反芻しながら進まなければ，ふつうの人には身につくものではありません．本書の到達レベルぐらいのところでいったん休憩し，登ってきた道をふり返りながらお弁当でも食べ，英気を養うことで，残りの胸突き八

丁の登山道を登る気力も湧いてこようというものです．

　ここで告白しておけば，私自身は学生時代には法学部という数理や統計とはおよそ縁の薄い学部で学んだ者で，統計学という学問を自分の専門として専攻したことはありません．後に大学院で経済学を専攻するにあたって，関連する知識として統計学も最低限身につけざるをえなくなり，さらに，最初に赴任した大学でもたまたま統計関係の科目を担当することになったため，その過程で統計学を徐々に身につけてきた者にすぎません．

　しかしまた，そうであるだけに，統計学という学問の，初学者にわかりにくい側面については，人一倍考えさせられましたし，「こんな教科書があったらいいな」という理想の教材についても，みずからの体験を踏まえてつねづね思いめぐらしてきました．

　実際，統計学を大学生に教えてみると，しっかり教えたはずなのに初歩の肝心かなめのところが結局わかっていないのだと思える答案に次々と遭遇して，自分もかつてはそうだったと省みながら，同病相憐れむ気持ちに陥らざるをえない経験をします．たとえば，20人の被験者からとられたデータを示されて「標本の個数は20個である」と答える学生が全体の九割以上いたり，標本平均がそれ自体の確率分布をもつということを理解していない学生が過半数だったり，正規分布にしたがう確率変数2個の和が二つの峰をもった「ひょっこりひょうたん島」の稜線のような分布になると考えている学生が多かったり，というぐあいです．統計学を身につけるというのは，小手先の計算ができるようになることではなく，それ以前のレベルでのこういった初歩的な誤解をしなくなることだと私は思うし，そのためにも，計算以前の段階のこういうことを，噛んで含めるように教える教材が必要だと，身につまされて感じてきました．

　そんな気持ちから，到達レベルとしては欲張らないで，基礎的なことの説明をていねいにという，本書のような教科書を書いてみたくなったわけです．

そういう関心から書いた本書ですので，これで統計学が完結的にわかるというものではありませんが，より高度な本に挑む前の準備体操の本として，また，高度な本の中で密林に迷い込んで見通しがきかなくなったときに，これを参照すれば基礎が再確認できるという座右の手引きとして，使っていただければと思います．

　脚注には若干のむずかしい数式が書いてあり，微分・積分などという言葉も使ってありますが，それはあくまで参考として書いたものであり，理解できなくても本文の通読には何の支障もありません．また，練習問題を解くにあたっては，四則演算と平方根の計算には電卓やパソコンを使用してかまいませんが，平均値や標準偏差などをワンタッチで出してくれる機能は使わないようお願いしておきます．

　本書の企画段階では日本評論社の武藤誠さんと守屋克美さんに，編集作業に入ってからは同社の西川雅祐さんに，それぞれたいへんお世話になりました．記してお礼の言葉に代えさせていただきます．

2004年8月
三土修平

目 次

はしがき………i

Part 1　統計と統計学 …………………………………………………………… 1

集団の観察と個体間の差異… 2　　全数調査と標本調査… 3
二重の意味での散らばり… 4　　記述統計学と推測統計学… 6
無限母集団と数理統計学… 7　　正規分布曲線… 8

Part 2　度数分布と特性値 ……………………………………………………… 13

統計データの構造… 14　　度数分布… 15　　ヒストグラム… 17
ヒストグラムの究極像… 20　　分布の特性値──その1・代表値… 21
三種の代表値の相互関係… 23　　平均値とメディアンを計算してみよう… 25
分布の特性値──その2・散布度… 28
分散と標準偏差を計算してみよう… 30　　正規分布曲線の性質… 31
偏差値とIQ… 34　　正規分布の数表の読み方… 35
なぜ多くの現象が正規分布にしたがうのか… 38

練習問題… 41

Part 3　関係の分析 ……………………………………………………………… 45

出世は実力によるけれど，その速度は人並み？… 46
変量相互間が独立であるときと，そうでないとき… 48
逆は必ずしも真ならず… 51　　原因の確率についてのベイズの定理… 53
散布図と相関係数… 55　　一次の回帰式で傾向をとらえる… 58
相関係数と回帰式を計算してみよう… 60
あてはまりのよさを表現する決定係数… 64
なまじ信仰心のある人は始末が悪い… 66　　相関比という考え方… 69

相関比を計算してみよう… *74*　　血液型占いの真偽を確かめるには… *76*

低学歴層ほど保守的？… *77*　　高学歴だってお年寄りは歌謡曲が好き… *79*

みかけの相関に要注意… *81*

練習問題… *83*

Part 4　標本統計量の確率分布 …………………………………………… 87

推測統計学の課題… *88*　　特性値の二つの意味… *88*

ありうる標本をしらみつぶしに調べる方法… *89*

確率変数としての標本統計量… *94*　　再び標本という言葉について… *96*

確率どうしの積を用いた推論… *97*　　確率変数の和の確率分布… *99*

標本平均の確率分布… *101*

絶対誤差は拡大するが，相対誤差は縮小する… *104*

ピラミッドの石はさほど正確に切られていない… *105*

投資信託が成り立つ理由… *106*

正規分布は自分と同じ子孫を産み出す… *107*

カップルの身長差もまた正規分布にしたがう… *108*

満遍なくできる学生は希少価値が高い… *110*　　ベルヌイ分布… *113*

二項分布… *115*　　比率の分布… *118*

二項分布の正規分布への漸近… *119*　　正規分布が重要である理由… *125*

「標本分布」と「標本の度数分布」はまるっきり別の話である！… *127*

正規近似が有効であるための条件… *127*

練習問題… *128*

Part 5　推定と検定の論理 ………………………………………………… 131

内閣支持率の真の値は？… *132*　　珍しさの程度をどう測るか… *135*

二項分布の正規近似… *137*　　同じ一割増しでも確率論的意味は大違い… *138*

新薬が効いているかどうかの検定… *140*　　おわりに… *143*

練習問題… *144*

練習問題解答…*147*

付表　標準正規分布表…*156*

索引…*157*

Part 1

統計と統計学

集団の観察と個体間の差異

　統計や統計学をどう定義するかは，厳密に論じ始めたら面倒くさい問題だが，「統計」という言葉を聞いたとき，多くの人は縦横に整理された数値の集まりを思い浮かべる．ただし，数値といっても対数表や三角関数表のような数学理論上の数値ではなく，経験的に測定された数値である．経験的というからには，実験や観察の対象となった何か具体的なものがあるわけである．

　では，具体的な事物について多数の数値的測定結果がありさえすれば統計かというと，そうでもない．たとえば衣服を仕立てる際には，まず「採寸」といって，顧客の身体を胸囲，肩幅，ウエスト，袖丈，股下などさまざまな面から測定して記録する作業があるが，1人の顧客について作成されたその種の数値の集まりは，いくら多くの数値からなっていても統計とは呼ばれない．同じく「採寸」であっても，既製服を大量生産する際にどのような寸法のものを生産すれば売れやすいかを予測する目的で，多くの人の採寸結果を寄せ集めて分布を求めたり平均値を出したりすれば，それは統計と呼ばれる．

　これでわかるように，統計とは，何よりもまず「多数の個体からなる集団」についての観察結果を，数値の集まりとして表現したものといえる．

　人文・社会系の問題領域の場合，個体として取り上げられるのは「人」であることが多いが，場合によっては「世帯」であったり「国」であったりする．理科系の問題領域の場合には「生物の個体」であったり「原子」であったり「恒星」であったり，さまざまであろう．

　いま，ある地方自治体に住所を有する「世帯」をすべて取り上げ，「構成員何人の世帯か」という観点から観察し，結果としてその自治体には構成員1人の世帯が何世帯，2人の世帯が何世帯，3人の世帯が何世帯，……といった集計結果を得たとする．それは統計の一種である．ただし「世帯主」は何人かということをいくら多くの世帯について調べても，それは統計とは呼ばれない．「世帯主」は約束上各世帯に1人と決まっているからである．

　これでわかるように，統計という営みの関心の対象とされるのは，ものごとの諸側面のうち，集団を構成する個体間で観察結果に差異が生じるような側面

である．たとえば国連加盟国という集団を観察した場合，個々の個体である国家は，国連総会での1票をもつという点では同じだが，人口や国土面積やGDP（国内総生産）においては，それぞれに違っているであろう．太陽から100光年以内に存在する恒星の集団を観察した場合，個々の恒星はすべて水素やヘリウムの塊で，核融合反応で光や熱を発散している点では同じだが，絶対等級（一定距離からみたと想定したときの明るさ）やスペクトル型（虹の七色のどのへんの光を強く出しているか）においては，それぞれに違っているであろう．そのような差異があって初めて，統計という考え方を導入する意味がある．

なお，例外的に，一人の野球選手がシーズン内にあげた打率のようなものも統計と呼ばれることがあるが，これは打席に立って打撃を試みることを一個の**試行**(trial)と考え，試行の集まりを集団とみなしているからである．その場合，個体として数えられているのは選手ではなく試行である．試行ごとに結果が安打になるか否かという差異があるから，そのことを個体間の差異ととらえているのである．

全数調査と標本調査

ところで，統計や統計学に対応する英語はstatisticsだが，これは語源的には国家を意味するstateと関連しており，もともとは「国勢学」というような意味である．

現在のわが国では5年ごとに国勢調査というものが実施されており，全国の全地域について，住民の年齢・職業などがしらみつぶしに調査される．これによって日本国土内の人口の地域別分布や年齢構成などが細かく把握され，国政のための最も基礎的な資料が得られる．近世から近代にかけて，国家が行うその種の調査がしだいに整備されてゆく中で，その調査結果の整理のしかたに関連して，統計とか統計学とかいう概念が生まれてきたのである．

そのため，初期の統計学では，考察の対象となる集団について何らかの情報を引き出す方法としては，集団を構成する個体を漏れなく調査するのが原則だと考えられていた．そのような調査を**全数調査**(complete survey)という．

しかし，実際問題としては，個体数がある程度以上ある集団では，全数調査は費用も時間もかかりすぎて，困難である．何ごとにつけ迅速に対策を打ってこそ意味がある実際の行政や経営の場では，問題が生じるたびにそのテーマについて全数調査を実施していたのでは，結論の出るのが遅きに失して，元も子もなくなってしまう．そういう場合，たとえ情報として完璧ではないとしても，一部分を調査することで全数調査に代えるのが，むしろベターな解決となってくる．

さらに，考察の対象とする集団の性格上，全数調査ということが最初から意味をなさない場合があることにも，注意しなければならない．そのよい例は製品の破壊実験である．家電製品の会社がある新しい種類の電球を製造し始めたとして，その寿命を測定するのが課題だとする．その場合，考察の対象として想定される集団は，同じ仕様で生産され，今後市場に出される同種製品の全体である．寿命を測定するにはその電球を点灯し続けて，フィラメントが切れるまでの時間を測ればよいのだが，それを考察対象の個体全部に対してほどこすことは，売る製品がひとつもなくなることを意味する．したがって，このような場合，原理的にも，一部分を調査することで全体の調査に代えざるをえないのだ．

このように，考察の対象として想定する集団(**母集団**，population)のうち，一部分を抜き出したより小さな集団(**標本**，sample)についてだけ実際の調査を実施し，それによって全体の調査に代えるのを**標本調査**(sample survey)という．

二重の意味での散らばり

現在，実際の世の中でとられている統計は，大部分が標本調査である．理想としては全数調査が好ましいと考えられる場合でも，たいていは標本調査で済まされている．

その代表的なものが，ときどきマスコミで報道される「内閣支持率」の調査である．その調査ではせいぜい数百人程度の人を対象にインタビューを行い，

たとえば被験者となった500人のうち300人が「支持する」と答えたとすれば，「内閣支持率は60％」というふうに報告している．実施者が求めたい真の値は，国政選挙の有権者全員の集団の中で何％の人が内閣を支持しているかの比率であろうから，母集団は有権者全体であろう．それがかりに9000万人いるとして，そのうち5400万人が「支持する」と答えたとすれば，これが真の意味での「内閣支持率60％」である．だから，上の場合，標本調査での支持率は60％だったとしても，その背後にある「真の値」は62.5％かもしれないし，58.3％かもしれない．

このように，実際の世の中でとられている統計の大多数では，結果として算出され，表示される数値は，背後にあるはずの「真の値」に対しては若干のぶれを伴っている．これは調査が全数調査でなく標本調査であることによって不可避的に生じてくるぶれであり，**標本誤差**(sampling error)と呼ばれる．

先に，統計という営みは個体間で差異がある現象を扱うと述べたが，その意味での差異，つまり散らばりは，母集団そのものの中にもともとあるものである．内閣支持率の場合でいえば，9000万人の有権者の中には「支持する」と答える人とそうでない人がいるという事実，これが，統計が扱う散らばりの第一のものである．

そのような散らばりがある結果として，個々の有権者を被験者として抜き出して質問を突きつけた場合，回答がどちらに転ぶかは，それ自体としては予測不可能である．しかし，かりに全数が調査できたと仮定した場合，そのうち何％が「支持」と答えるかの比率については，何らかの確定した数値があるはずである．標本調査は，ねらいとしてはその数値を測ろうとしているのである．だが，調査が全数調査でない結果として，出てくる数値はあくまでその「真の値」の近似値でしかなく，「真の値」の上か下へのぶれをともなっている．このような意味での散らばりが，統計を読み取る際に考慮されるべき散らばりの第二のものである．

この第二の意味での散らばりについては，多くの人が直感的に「調べる人数を多くすれば誤差は減らせる」と感じている．実際，有権者のうちたった10

人だけを抜き出してインタビューして,「内閣支持」と答えた人がたまたま6人いたからといって,「内閣支持率は60％」などと結論するのは危険きわまりないと,多くの人は感じるが,500人を抜き出してうち300人が「支持」であれば,その場合の60％はかなり信頼できる数値であり,「当たらずといえども遠からず」であろうと,多くの人が感じる.

　こうした直感に立脚して「大量観察によって真実に迫ることができる」とする考え方は,昔から多くの人によっていだかれてきた.さればこそ,社会調査などの方面で,必ずしも全数調査ではないけれどもなるべく多くの個体を対象とする調査が昔からさまざまに企画され,それなりに科学的な資料として通用してきたのである.

記述統計学と推測統計学

　統計学には大きく分けると**記述統計学**(descriptive statistics)と**推測統計学**(inferential statistics)という二大分野がある.

　前者は観察結果を整理して見やすいかたちにまとめる学問である.記述統計学の立場では,算出される諸数値はひとまずそれ自体で完結したものとして眺める.それらが標本からのものであって,母集団の「真の値」とのあいだには若干のずれがあることはわかっていても,そのずれには一応目をつぶって,「大量観察の結果であるから,真実はほぼこれに近いであろう」として満足するわけである.

　これに対して推測統計学は,標本から得られた数値が母集団についての真実をどの程度まで反映しているかを,確率論を駆使してさまざまに論じる学問である.

　上の内閣支持率の場合,10人中の6人という調査結果と500人中の300人という調査結果では,同じく「支持率60％」であっても,その数値のもつ意義には大きな相違がある.「前者のような調査では不十分で,後者のような調査ならばまあ妥当だ」という程度の判断は,常識でも下すことができる.が,後者のような調査ならばどこまで信頼してよいのかという問題になると,常識だ

けでは判断できない部分が生じてくる．そういう論点にまで踏み込んで，得られた数値から結論を下そうとする場合，どの程度の確からしさでそれが言えるのかについて，客観的な判断基準を示すのが推測統計学である．

歴史的にはまず記述統計学が先に成立し，その結果をさらに深めるかたちで，推測統計学が成立した．

およそ科学というものは現象の背後にある法則を探り出すのを使命としている．統計学は今日，そうした諸科学に方法的基礎を提供する学問として普遍的な意義を認められているが，そうなったのは，推測統計学という分野の確立を待ってのことであった．

今日，統計学とは何かを簡潔に要約するとすれば「集団の中で起こる現象で，個体間で差異がある現象について，観測結果を数量的に整理し，現象の背後にある法則を知ろうとする学問」と述べるのが適当であろう．

無限母集団と数理統計学

先に，考察の対象として想定する集団を母集団と呼ぶと述べた．内閣支持率の場合でいえば有権者の全体が母集団である．構成する個体の数がきわめて多いとはいえ，その数はあくまで有限である．そのようなものを**有限母集団**(finite population)という．有限母集団は，手間ひまさえ惜しまなければ，少なくとも原理的には全数調査をすることができる．

これに対して，統計調査の種類によっては，どんなに多くの個体を観察しても，対象全体を調べつくしたことにはならないというケースもある．

たとえば，ある新薬が開発されて，それがある特定の疾患に対してどの程度の治癒率をもたらすかを，治療の実績を通じて把握しようとする場合を考えよう．最初の100例のうち58例が治癒したとか，63例が治癒したとかいっても，それはまだ不完全な標本調査でしかない．では，200例集まったらどうか，500例集まったらどうかと考えても，それらもあくまで標本調査でしかない．この場合母集団は，「これから将来に向かって，同じ疾患にかかって，その新薬を投与されるであろう患者の全体」であり，その構成人数は文字通りの数学

的無限大ではないとしても，少なくとも「ここが上限」という点をもたない無限定な数となる．

このように，問題の性格によっては，母集団は観測行為の背後に想定されるある種の抽象的な集団にとどまり，現実の調査はつねにその一部分を調べる調査なのだと理解しておかねばならない場合もあるのだ．が，その場合でも，その「永遠に到達されることのない」逃げ水のような「母集団」は存在するのだと仮定し，そこでの「真の治癒率」も存在するのだと想定しておくと，理論的には有益である．

そのようにして想定される母集団は，数学的には無限大の個体数を含むように想定するのが便利なので，**無限母集団**(infinite population)と呼ばれる．

実際，無限母集団を想定すると，その母集団を表現する数式としてエレガントなかたちのものがあてはまる場合が多く，結果として母集団と標本のあいだの関係についても，多くの有益な法則を導き出すことができる．数理統計学という学問は，そのような道筋をたどって発展してきた．

正規分布曲線

読者の中には統計学について多少の予備知識はあり，**正規分布**(normal distribution)という名前と，それをグラフに表現した釣鐘型の曲線のイメージだけは記憶しているというかたもおられるであろう．

それほどに，統計学といえば，何につけても正規分布曲線である．それはしばしば図1-1のように，実際のデータについて描かれたギクシャクした階段状の図(**ヒストグラム**，histogram)と重ね合わせて描かれる(このグラフの縦軸の尺度としてとってある「確率密度」とは何であるかは，後にPart 2で説明するので，いまは述べない)．

ヒストグラムが標本についての経験的な集計結果を表現する図であるのに対して，曲線のほうは，もしこの標本の背後に無限母集団があるとすればこうであろうという，推定上の姿を描いたものである．実際，図1-1のヒストグラムは大学生の男性240人について調査された身長の分布を描いたもので，相当に

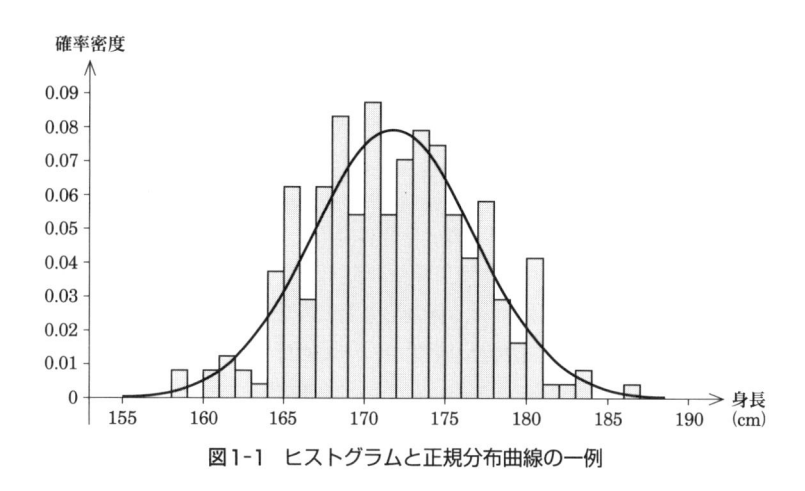

図1-1 ヒストグラムと正規分布曲線の一例

　凹凸の激しいギクシャクした姿をしているが，この種の調査では，観察される個体の数を多くすればするほど，凹凸の激しさが減ってゆくことが知られている．かりに100倍の2万4000人の集団について身長の調査を実施し，ヒストグラムを描いたとすれば，身長が1センチ刻みで集計されていることによる階段状の姿は残るとしても，その階段の高さは左から右にかけて徐々に高まって，ピークの付近でゆるやかに曲がり，その後は徐々に下がってゆく姿になると思われる．そうした平滑化の行き着く先の理想的な姿として想定されているのが，正規分布曲線である．

　この例にみられる身長の分布を始めとして，世の中の多くの現象は，観察する個体を多くしてゆくと，そのヒストグラムが正規分布に近くなってゆくことが知られている．

　そして正規分布にはそれを簡潔に表現する数式もある（→32ページ）．

　その数式自体を記憶する必要はない．しかし，その数式から演繹されるいくつかの定理は，記述統計の結果を解釈し，それをより高度な推論へと結びつけてゆく場合に，なくてはならぬ貴重な役割を果たしてくれる．理論的な統計学の恩恵が真に感じられるのは，そうしたレベルにおいてである．その際の思考法を読者にも身につけていただくのが本書の課題である．

ここで，常識だけでは解けないが，統計学の思考法を活用すればさほどの困難なく解ける問題をいくつか紹介し，その解答は後の章にまわすことで，読者に考える楽しみと発見の喜びを知っていただくよすがにしたいと思う．

【問題1】——女性のほうが背の高いカップルはどのくらい生じるか？

先の図1-1は私自身がかつて愛媛大学で調査した男性の学生の身長の分布をもとに，背後に推定される無限母集団での身長の分布を描き加えたものであったが，同じ作業を女性の学生についても行い，男女の学生それぞれの身長の分布の正規分布曲線を描いたのが図1-2である．

ここで若干話を先取りして，統計学の専門用語を使ってしまえば，男性の場合分布の平均値は171.78cm，標準偏差は5.04cmであり，女性の場合分布の平均値は157.66cm，標準偏差は4.63cmである．これは愛媛大学学生を対象とした調査からの推定値であるから，日本の大学生全体という大きな集団(ほぼ無限母集団)についての真の数値である完全な保証はないが，ここではかりにそのようにみなすことにしよう．

さて，日本の大学生の身長がこのような分布にしたがっているとした場合，その中で無作為に男女のカップルを組ませたとして，女性のほうが背の高いカップルは，どのくらいの割合で生じるだろうか？

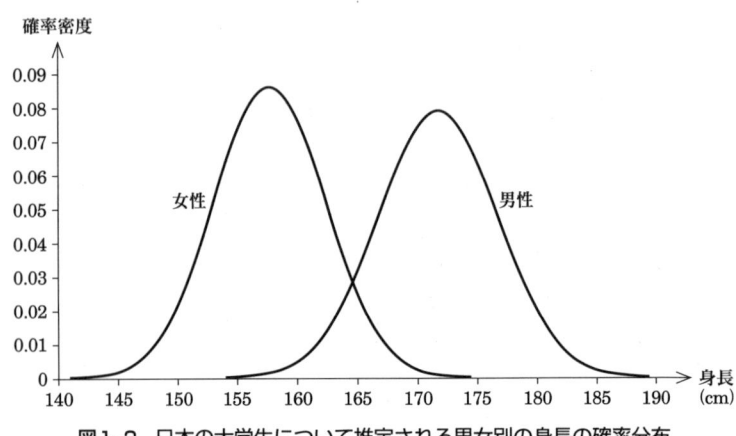

図1-2 日本の大学生について推定される男女別の身長の確率分布

【問題2】――満遍なくできる学生はどうしてあんなに上位に躍進するのか？

　　　これは私自身が大学受験に備えて模擬試験を受けていたころに，つくづくふしぎに感じた事実であるが，数千人・数万人という多数の受験者を擁する模擬試験で，総合点の順位のほかに個々の科目の得点での順位も発表されている場合，どの学科目でも満遍なく優秀な成績を収め，たとえば全科目どれも50位あたりというような成績をとっている者は，総合点でみると必ず個々の科目での順位よりも上位に躍進しており，10位以内などというのがつねだった．全科目が50位なら総合点も50位になるのが正常な法則ではないかと一見思われるのだが，じつはそうならないのが普通なのである．なぜこのようなことが起こるのだろうか？

【問題3】――治癒率にどれだけの差があれば新薬は効いているといえるのか？

　　　医学の分野では，新しい治療法が発見されたり新しい薬品が開発された場合，治験といって，それを患者に試験的に適用してみて，結果を調べることが行われる．何をもって治癒とするかもむずかしいが，一定の基準を満たすことを治癒と定義して，調べるのである．また，同じ疾患に対してそれまで適用されてきた在来の治療法や在来の薬品もあるはずで，新しいものはそれらより優れていると判定されるのでなければ，採用する意味がない．そのため，治験にあたっては必ず同じ疾患を同程度に患っていて，在来の治療法を受けている患者のグループ(対照群)を設定し，治験を受けている患者のグループ(治験群)における治癒率が対照群におけるそれよりも高いと判定された場合に，初めてその新治療や新薬は採用に値するだけの効果があるとみなされる．

　　　ところが，有限な人数の患者を対象として行われるこのような調査は，内閣支持率の場合と同様，一種の標本調査であるから，偶然的なぶれによって「真の治癒率」からは少しずれた値が観測されるのがむしろ普通と考えられる．治験群における治癒率が対照群におけるそれより多少高くても，それは偶然的なぶれによるもので，本質的な差ではないという可能性を否定しきれない．

　　　ではかりに，いま，表1-1のように200人ずつを調べて，治験群においては治癒率60％，対照群においては治癒率52.5％という結果が出た場合，これを「新薬は在来薬より優れている」という判断に結びつけてよいものだろ

うか？

表1-1 新薬治験データの一例

	治癒した	治癒せず	合 計
治験群	120	80	200
対照群	105	95	200
合 計	225	175	400

　上の三つの問題は，一見すると互いに無関係な話のように思われるが，いずれも正規分布の性質と結びついており，次章以後の話を順を追って学んでいくことで，最後には自然に解決が見えてくる問題なのである．

Part 2

度数分布と特性値

統計データの構造

統計的な思考を身につけるためには，記述統計学の基礎知識が欠かせないので，まずはその話から始めることにしよう．

統計という営みのねらいは，具体的な対象についての調査結果をどう加工し分析し，有益な情報を引き出すかである．したがってそこでは，加工処理する前の段階の調査結果そのもの，つまり**データ**(data)というものがあることが話の前提になっている．

データは複数の個体からなる集団について，いくつかの調査項目を設けて調査を実施し，結果を記録したものからなっているはずである．ここでは便宜上，調査対象となる個体が「人」である場合を念頭に置き，その一人一人を「被験者」と呼ぶことにしよう．

たとえば被験者が200人とられて調査が実施された場合，この200人の集団のことを一個の**標本**(sample)と呼ぶ．標本が何個の個体からなるかを**標本の大きさ**あるいは**標本サイズ**(sample size)と呼ぶ．注意すべきは，**個々の被験者のことを標本と呼ぶのではない**，ということである．上の場合，「標本が200個ある」という表現をする人がいたら，それは端的に誤りである（残念ながらこの誤りは世の中でしばしば起こっている）．

さて，いまかりに被験者200人に整理番号をつけてそれを縦に並べたとすると，調査結果を表示する表として，200行の行数をもった表ができる．そして，調査項目として，「満年齢」「身長」「体重」「ABO式血液型」「ある意見への賛否」という5項目が設けられているとすると，それを表のトップに横に並べて，200行5列，都合1000個のマス目をもつ表を作り，その中に調査結果を書き込んでゆけばよいことになる（なお，本書で「行」とか「列」とかいうときには，数学での用語法と同じで，横の並びを「行」と呼び，縦の並びを「列」と呼ぶことにしている）．

これらの調査項目の中には「満年齢」のように整数で結果が出るものや，「身長」のように小数点つきの数値（原理的にはいくらでも細かく表示できる）で結果が出るものや，「血液型」のように何種類かの記号のいずれかになるも

の,「賛否」のように賛か否かの二者択一になるものなどがあるが,被験者ごとにその「とる値」が異なるという意味で,数学でいう**変数**(variable)に似た性格をもっている.

が,結果が必ずしも数学でいう数にはならないため,統計学では伝統的に変数という言葉を避けて**変量**(variate)と呼ぶことが多い.変量とは要するに調査項目のことである.

変量には,結果が飛び飛びの数値になる**離散的変量**(discrete variate),いくらでも細かい小数として表現できる(つまり実数値をとる)**連続的変量**(continuous variate),および「A型」「B型」「賛成」「反対」などの述語のかたちをとる**質的変量**(qualitative variate)の区別がある.

質的変量のようなものも統計や統計学の対象となるのは,それ自体としては数では表現されていなくても,「A型の人が全体のうち何%いる」(**構成比**あるいは**比率**,proportion)といった加工された情報のレベルでは数値的表現が可能だからである.

度数分布

上のような「被験者数 × 変量の個数」だけのマス目をもつデータがそのまま表として報告されても,そこから対象についての有益な情報を読み取ることは不可能に近い.そこで,統計報告書としては,これに何らかの加工をほどこしたものが示される.その最も初歩的なものが,**度数分布**(frequency distribution)というかたちの加工である.

表2-1 度数分布表の一例

血液型	度 数	相対度数(%)
A	89	44.5
B	38	19.0
AB	21	10.5
O	52	26.0
合 計	200	100.0

質的変量の場合で考えるとわかりやすいが，そこでは変量のとりうる値(**カテゴリー**，categoryと呼ばれる)は最初から有限な個数と決まっている．血液型ならば「A型」「B型」「AB型」「O型」の4種類というように．当然，被験者集団の中でその変量に関して同じ値をとる者が重複して存在することになる．その重複度を**度数**(frequency)という．たとえば大きさ200の標本の中でA型の度数が89，B型の度数が38，AB型の度数が21，O型の度数が52であるとすれば，表2-1のようにカテゴリーと度数との対応表を示すことで，調査結果を簡潔に示すことができる．これを度数分布表という．その場合，度数を標本サイズで割った**相対度数**(relative frequency)も表示しておくと，標本サイズの異なる別の標本と比較する際に便利なので，通常そのようにする．

　離散的変量の場合も，たとえば世帯を単位とした調査で「世帯構成人員」という変量の調査結果を表示しようとすれば，「1人」から始まって「8人」ぐらいまでの「とりうる値」を設けておけば，たいがいの世帯はそのどれかにあてはまり，度数分布表が示せるであろう(例外的な世帯があるかもしれないので，最後の行を「8人」でなく「8人以上」という開かれたかたちにしておくなど，若干の配慮は必要である)．

　連続的変量の場合には多少の工夫が必要である．原理的には実数値をとるはずの変量の場合，個々の被験者についての観測結果が十分に細かい小数で示されているなら，同じ値をとる者は二人といないのがむしろ普通であるから，そのままでは度数分布表は得られない．そこで，分析者の側が数直線上にある程度の幅をもった区間を人為的に設けて，同じ区間に落ちる被験者はかりに同類とみなすという工夫が必要になる．数直線上をそのように区切ることを**級区分**といい，個々の区間を**級**(class)という．

　表2-2は，私自身がかつて愛媛大学で調査した大学生男性240人の身長の度数分布表であるが，小数点以下を切り捨てることで級を構成したので，たとえば168と書いてあるのは厳密には「168.0cm以上169.0cm未満」という級のことである．調査結果がこの級に落ちている被験者20人の中には，168.3cmの者もいるかもしれないし，168.9cmの者もいるかもしれないが，級区分という

データの整理を実行した結果，そういう細かい情報は失われている．情報の一部を犠牲にすることで理解のしやすさを増すことも，ときとして必要なことである．このような級区分されたデータしか残されていない場合，それをさらに二次的に加工するにあたっては，たとえば上記の20人はいずれも級の中央の値(**級央値**)である168.5 cmという身長をもつかのように扱うといった便宜的措置が必要となるが，それによって失われる情報はわずかである．

表2-2　大学生男性240人の身長の度数分布(単位：cm，小数点以下切り捨て)

身長	度数	身長	度数	身長	度数
158	2	168	20	177	14
160	2	169	13	178	7
161	3	170	21	179	4
162	2	171	13	180	10
163	1	172	17	181	1
164	9	173	19	182	1
165	15	174	18	183	2
166	7	175	13	186	1
167	15	176	10		

なお，1点刻みで採点してある100点満点のテストの点数や，1円より下の単位がない所得額・支出額などは，本来は離散的変量であるけれども，変量のとりうる値の範囲に比べて刻みの幅がきわめて小さいため，連続的変量になぞらえて，級区分やこのあとに述べるヒストグラムなどの手法を使って分析するのがふつうである．

ヒストグラム

度数分布は表だけでなく図にも表現することができる．

その場合，どのような図示のしかたが適切かは，変量の種類によって異なってくる．離散的変量や連続的変量の場合には，変量のとる値を横軸上に図示して，これを数学での独立変数のように考え，度数や相対度数はそれに従属して決まってくる従属変数のように考えて縦軸方向にとり，全体が関数のグラフのような形になるように表示するのが有意義である．

質的変量の場合には，そのような表示は誤解を招くことが多いので，避けたほうがよい．なぜなら，たとえば血液型のA型を1番，B型を2番，AB型を3番，O型を4番として，番号順にカテゴリーを横軸上に並べたとしても，1や2にはカテゴリーを識別する符丁としての意味しかなく，それらの数値のあいだの大小関係や間隔には何の必然性もないからである．こうした変量については，一定の長さの帯の中を各カテゴリーの相対度数に応じて区切った帯グラフとか，円の中を扇形に区切って中心角を相対度数に対応させた円グラフ（360°を100％に対応させる）とかが，適切な表示方法である．

　離散的変量の場合は，変量のとりうる値を横軸上に飛び飛びに目盛って，長さで度数や相対度数を表現する線分をその上に立てればよい．

　細かい注意を要するのは級区分された連続的変量の場合である．

　この場合，各級ごとにその級の度数や相対度数を表現する長方形の柱を立て，それらの集合で分布を表現する**ヒストグラム**（histogram）という手法が用いられる．ヒストグラムを描く際には，変量の性質上，となりどうしの柱のあいだに隙間がないように，詰めて描くのが約束となっている．

　図2-1にヒストグラムの一例を示すが，この図の中の細い柱の集まりは，表2-2で与えられている度数分布をとりあえずそのままヒストグラムに表現したものである（nは標本サイズ，すなわち被験者の数であるが，$\bar{x}$やσについては後に説明する）．

　ヒストグラムを用いる場合，縦軸の尺度として何を目盛るべきかは，熟慮を要する微妙な問題となる．

　図2-1の中に，細い柱とは別に太線でもうひとつのヒストグラムが示してあるが，これは級区分のしかたを変えて，もとの級区分での5個ずつを1個の級に括り直した場合のヒストグラムである．細い柱の集まりは柱ごとの凹凸が激しくて，全体の傾向をとらえるには不向きなものになっているが，これは，標本サイズがそれほど大きくないにもかかわらず細かい級区分を採用したために，個々の級に落ちる個体数が少なくなって，その度数が偶然的変動に左右されやすくなっている結果である．こういう場合，データを統合して，最初よりも幅

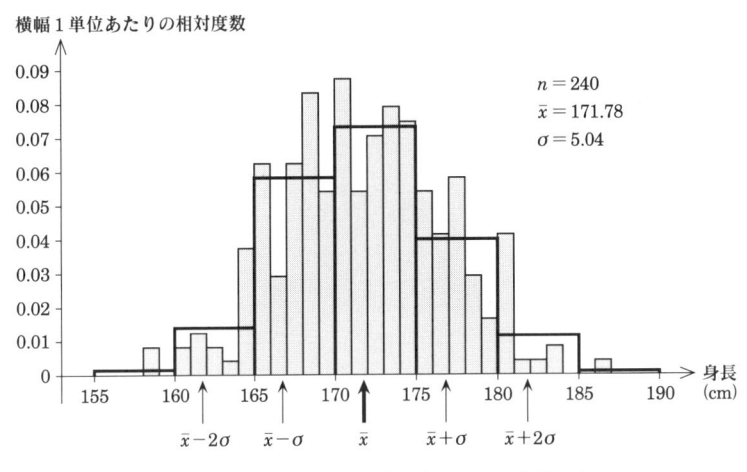

図2-1 大学生男性240人の身長のヒストグラム

の広い新たな級区分を構成することが行われる．そのようにして太線のヒストグラムが得られたのだが，その場合，もしも縦軸の尺度を度数そのものとしたら，級幅を広くしたことにともない，柱の高さも比例的に高くなってゆくことになり，不都合である（逆に級幅を細かく割り直した場合には，幅を細かくするほど，それに比例して高さも縮んでしまうという不都合が起こる）．

　そのような不都合を避けるためには，縦軸の尺度として級幅の割り方に影響されないような尺度を採用しなければならない．こうして，度数そのものではなく，「横幅1単位あたりの度数」，いいかえれば「度数の密度」を縦軸の尺度として採用する必然性が生じてくる．具体的には，横幅1cmの級で描かれたヒストグラムと対等なものを得るためには，横幅5cmの級での度数は5で割って，それを柱の高さとすればよいのである．そうすると，柱の高さではなく面積が度数を表現することになるから，ヒストグラム全体の面積は級幅の割り方によらずつねに一定ということになる．

　ここでさらに，標本サイズの異なる別の標本とのあいだでヒストグラムを比較する場合の便宜まで考えると，「度数の密度」という尺度もなお若干の不都合を含んでいることがわかる．縦軸変数が度数の密度であれば，それと級幅を

掛け合わせたものの総和であるヒストグラム全体の面積は，標本全体の度数，つまり標本サイズに一致することになる．その面積は，たとえば2万4000人の学生を調べた場合には，240人の学生を調べた場合より100倍も大きいことになってしまう．

　この不都合を避けるためには，縦軸の尺度を「度数の密度」ではなく「相対度数の密度」にすればよい．そうすると，ヒストグラム全体の面積は標本サイズによらずつねに1（あるいは100％）となり，たいへん好都合である．

ヒストグラムの究極像

　さて，Part1でも述べたように，標本調査では標本サイズを大きくすればするほど，得られる結果のぶれが少なくなり，母集団の真実の姿に肉迫できることが，昔から経験的に知られている．

　そこで，愛媛大学の学生240人という程度の標本ではぶれの大きかった調査結果も，全国から100倍の2万4000人の学生を集めて実施したとなれば，相当に安定性のあるものになり，級幅の割り方が1cmであっても，不規則な凹凸はほとんど含まない良好なヒストグラムが得られるのではないかと期待される．標本サイズをさらに大きくすれば，級幅のほうはさらに細かく割って0.5cmとか0.2cmとかにしても，なおかつ滑らかなヒストグラムが得られるに違いない．縦軸の尺度が「相対度数の密度」にしてあるかぎり，ヒストグラムの総面積はつねに1であることが保証されているから，「標本サイズは無限に大きく，級幅は無限に小さく」という方向を追求していっても，全体が大きくなったり小さくなったりする心配はなく，ギクシャクしたものが滑らかなものへといわば「進化」していって，しかも最後にはほとんど安定的な収束状態になり，それ以上の変化がほとんど起こらない形態へと落ち着くのではないかと考えられる．

　Part1の図1-1に描いた正規分布曲線は，ヒストグラムのそうした変貌・進化の果ての究極像として推定されるところを描いたものである．

　そのような理論上の分布のグラフを描く場合，縦軸の尺度は「相対度数の密

度」とはいわずに**確率密度**(probability density)という約束になっているが，両者は基本的に同じことだと理解してよい．後の章で説明するように，確率というのは現実世界で観察される相対度数に理論的な理想化をほどこして得られた概念だからである．

分布の特性値──その1・代表値

　分布のありさまを知るには度数分布表やそれを図示した図を観察すればよいのだが，ときにはもっと手っ取り早く，二，三の簡潔な数値で分布の概要を把握したいという欲求が起こってくることもある．そのために役立つような指標を総称して「分布の**特性値**」という．

　特性値として考えられるものはいくつかの種類があるが，そのうち基本的なものは，以下に述べる代表値と散布度である．

　図2-1をみて気づくことは，身長の分布というものは，標本サイズが小さいことによるギクシャクを別とすれば，基本的に相対度数の密度が高い「峰」の場所がどこかに一カ所あって，その右と左では密度が低くなる「一峰性」の山の形をしている，ということだ．およそ量的な現象というのは「だいたいこの程度の値をとることが多い」という標準的な値があって，そこから離れたケースほど起こりにくいということがあり，そのせいでたいてい「一峰性」の山の形の分布となる．

　そこで，「この度数分布はだいたいこのあたりを中心に分布している」という，分布の位置の目安になるような値を示すことが有意義となる．その目安になるような指標のことを総称して**代表値**(measure of central tendency)という．代表値としては以下の三種のものが考えられる．

　分布の山の最も高い場所が横軸上のどこにあたるかを読み取ったものを**モード**(mode, 最頻値)という．これは流行という意味のモードと同じ語で，「こういう値をとる個体がいちばん多い．主流である」という意味である．

　つぎに，観測対象となった個体を観測値の大きい順，もしくは小さい順に並べて，ちょうど「真ん中番目」にくる個体がもつ値を求めたものを**メディアン**

(median，**中央値，中位数**)という．標本サイズが奇数のとき，たとえば19のとき，上から10番目と下から10番目は同じ個体になるから，そのもつ値がメディアンである．標本サイズが偶数のとき，たとえば20のときは，上から10番目と下から10番目がとなりどうしとなり，完全な「真ん中番目」は存在しないことになるが，この場合には上から10番目のもつ値と下から10番目のもつ値を足して2で割ったものをメディアンと呼ぶことになっている．

そして，最もよく用いられる代表値が，よく知られている**平均値**(mean, average，たんに**平均**ともいう)である．観測値を全被験者について足し上げ，標本サイズで割ったものが平均値である．計算された平均値が標本からのものであって母集団そのものの平均ではないことを特に強調したい場合には，これを**標本平均**(sample mean)と呼ぶ．

標本平均は一般に変量の記号の上にバーをつけて表示する習慣なので，変量がxなら，標本平均は$\bar{x}$と表記される．一般に，変量の名が文字xで表現されているときには，個々の被験者についての観測値は，その親文字xに被験者番号iを示す添字をつけてx_iと表現するから，変量xについて，標本の大きさがnであれば，観測値は$x_1, x_2, \ldots, x_n$のn個からなり，標本平均は

$$\bar{x} = \frac{x_1 + x_2 + \cdots + x_n}{n} \tag{1}$$

という式で計算される．観測結果が度数分布で表現されているときには，同じものが式のかたちとしては少し違った表現をとる．いま，変量のとりうる値が$x(1), x(2), \ldots, x(m)$のm個(通常の場合，mはnよりはかなり少ない数である)であって，それぞれについて観測された度数が$f_1, f_2, \ldots, f_m$であるなら，平均値は

$$\bar{x} = \frac{f_1 x(1) + f_2 x(2) + \cdots + f_m x(m)}{n} \tag{2}$$

となる．連続的変量が級区分して表示されているときも，この式を利用する．級央値をこの式の$x(1), x(2), \ldots, x(m)$の場所にあてはめることで，近似的な平均値を求めるのである(級央値をその級に属する個体すべての観測値だと，

三種の代表値の相互関係

以上三種の代表値は原則として近い値となり,特に左右対称な一峰性の分布では完全に一致することが知られている.

ただし,極端に左右非対称な分布の場合には,三種の代表値のあいだに相当なずれが生じるので,注意が必要である.

いま,大当たりすると1000点で,外れはないけれど,多くの人は2点,3点,4点あたりの得点しか得られないというくじ引きのようなゲームがあって,500人がそのゲームに挑戦した結果が表2-3のような度数分布表になったとしよう.度数の右にもうひとつ**累積度数**(cumulative frequency)というものが表示してあるが,これは1点から始めて当該得点にいたるまでの度数を加算したもので,「その得点以下の得点をとった人の人数」を表現している.累積度数は最後の1000点のところで標本サイズである500に一致する.累積度数が250を超えて251にさしかかろうとする場所での変量の値がメディアンであるから,この分布のメディアンは3点である.そしてモードはいうまでもなく2点である.

これに対して平均値は計算すると5.308になり,上のいずれよりも大きい.

表2-3 偏りの強い度数分布の例

得 点	度 数	累積度数
1	40	40
2	180	220
3	150	370
4	60	430
5	35	465
6	17	482
7	10	492
8	5	497
50	1	498
100	1	499
1,000	1	500

ヒストグラムの幾何学的な形との関係でいうと，メディアンはその面積を左右に二分する場所，平均値はその図形を厚紙か何かで作って一点で支えたときに左右の重さがバランスする物理的な重心の場所に一致する．一般に，ヒストグラムが図2-2のような右に長く裾野を引いた形になっている場合，メディアンはモードより右になり，平均値はさらにそれより右になることが知られている．図2-3のように左に長く裾野を引いた形になっている場合は，その逆になる．平均値を意味する英語がミーン（mean）であるから，図2-2の場合「右からミーン，メディアン，モード」，図2-3の場合「左からミーン，メディアン，モード」と記憶しておくと，マミムメモの順と一致して覚えやすい．

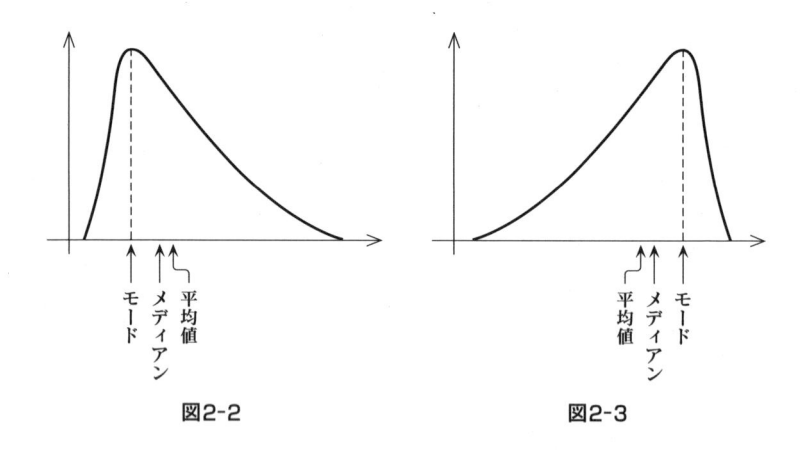

図2-2　　　　　　　　　　　図2-3

　上の例にみられるように，飛び抜けて極端な値をもつ者が少人数いる場合，平均値はそちらの方向に引きずられて，常識的に考えられる「真ん中あたり」からはかけ離れた値になることがある．実際，上の場合，平均値を超える6点以上の得点をあげている者は500人中の35人しかいない．

　所得の分布や資産保有額の分布について「平均」が語られるときは，この点の注意が必要であり，平均と併せてメディアンも報告するのが良心的であると言われている．

　なお，平均やメディアンは質的変量の場合には意味のない概念であるが，モードだけは質的変量にも適用できる概念である．たとえば日本人の血液型の分

布においてはA型の相対度数が最も大きいので，A型がモードということになる．

平均値とメディアンを計算してみよう

統計学では，実際の数値例について具体的に計算をしてみることが，要領を会得する近道であるから，ここで少し練習をしてみよう．

いま，連続的変量xについて，表2-4に示されているような級区分された度数分布表があるとしよう．当初与えられているのは級別の度数だけだったとして，そこから累積度数を計算するのは容易であるから，特に解説を要しないであろう．平均値を求めるには，まず級央値を各級の度数倍したものをいちばん右の欄に書き込む．それを合計した1231400が，(2)式の右辺の分子に相当する．一方，度数の合計もしくは累積度数の最下段の数値(同じ値になる)が標本サイズに相当するから，この場合$n=3000$である．このnで1231400を割れば，平均値が$\bar{x}=410.47$と求まる．

表2-4 度数分布からの平均値とメディアンの計算

級	級央値	度　数	累積度数	度数×級央値
0 以上 100 未満	50	143	143	7,150
100～　200	150	345	488	51,750
200～　300	250	556	1,044	139,000
300～　400	350	583	1,627	204,050
400～　500	450	424	2,051	190,800
500～　600	550	388	2,439	213,400
600～　700	650	234	2,673	152,100
700～　800	750	136	2,809	102,000
800～　900	850	103	2,912	87,550
900～1,000	950	88	3,000	83,600
合　計	——	3,000	——	1,231,400

つぎに，メディアンを求めるには，次ページの図2-4のような作図をもとに考える．まず，度数分布表を図の上段にみられるようなヒストグラムに描いてみる．度数そのものを縦軸の尺度にとった目盛も示しておくが，例によって，厳密には「相対度数の密度」を目盛るのがよい．このデータの場合，標本サイ

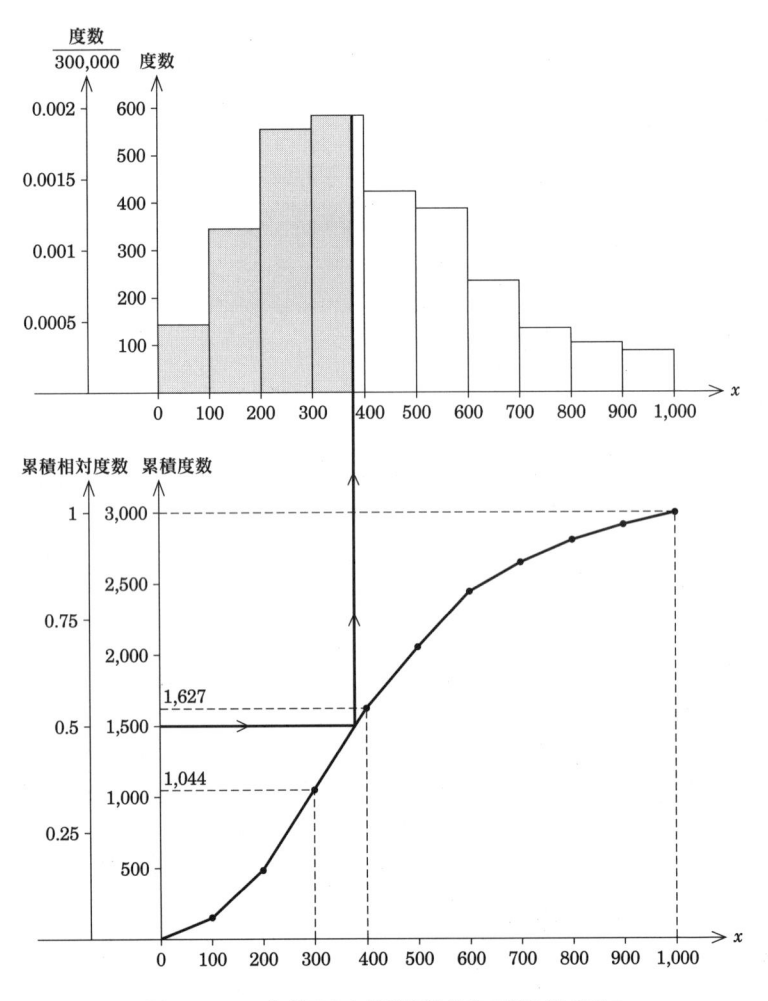

図2-4 ヒストグラムと累積度数分布の折れ線グラフ

ズが3000だから，度数を3000で割ると相対度数になる．さらに，級幅が100だから，横幅1単位あたりに直した「相対度数の密度」を求めるには，相対度数をさらに100で割る必要がある．こうして度数を300000で割ったものが「相対度数の密度」である．

このヒストグラムの下に，横軸を共通にとったうえで，累積度数のグラフを描く．表に与えられている累積度数は，各級の末尾（右端）の点から振り返って「ここよりも左に位置する個体数の累積値」をみたものであるから，データとしては $x=100$，$x=200$，$x=300$，……といった節目節目の点における累積度数しか与えられていない．その中間を直線で補完することによって，連続したグラフになるようにする．いいかえれば，各級の中での個体のもつ値は，級幅である100の幅の中に満遍なく散らばっていると考えるのである．こうすることで，この折れ線グラフ上の任意の点は，xがその値をとる場所から左側にある個体数の推定値を与えることになる．縦軸の目盛としては累積度数そのものをとると同時に，それを標本サイズ3000で割った累積相対度数をも示しておくことにする[1]．

連続的変量の場合のメディアンは，「このようにして作図した累積度数が，ちょうど標本サイズの半分に達する点」（いいかえれば「累積相対度数が50％に達する点」）として定義される．このデータの場合，標本サイズの半分は1500であるから，累積度数1500に対応する横軸上のxの値を求めればよいことになる．ここで細かいことをいえば，「3000は偶数だから，1から3000までの数の真ん中番目は，1500と1501の中間ということになるではないか」といえるが，標本サイズがこのように大きい場合，それが偶数か奇数かによって生じるメディアンのささいな相違は無視してかまわない．

さて，表2-4をみれば，累積度数は第3番目の級の末尾までで1044，第4番

---

[1] 図2-4の上段に描かれている階段状のヒストグラムの天辺の線を関数のグラフと考えた場合，下段の折れ線は，それを積分したものになっている．逆に上段のグラフは下段のグラフの微分になっている．

目の級の末尾までで1627であるから，メディアンは第4番目の級の中，つまり300と400の中間にあることは明らかである．すると，ここからあとの計算は按分比例の方法によることになり，メディアンをmedと書くと，その値は，つぎのように計算される．

$$\mathrm{med} = 300 + \frac{1500-1044}{1627-1044} \times 100 = 378.22 \tag{3}$$

これは，図2-4の下段のグラフで，縦軸の累積相対度数0.5の点から右に引いた水平な線が折れ線グラフに突き当たる点の横座標を求めていることになる．この横座標を上段のヒストグラムの中に写し込んで，そこより左側に影をつけると，影をつけられた部分の面積が，ヒストグラム全体の半分ということになる．

なお，このデータの場合，ヒストグラムの峰が若干左に偏った分布になっているせいで，メディアンは平均値より左側になっている．

分布の特性値——その2・散布度

代表値のつぎに重要なのは，代表値の上下にどの程度の散らばりをもって観測値が分布しているかである．散らばりの程度が小さい場合には，代表値がわかれば，個々の個体のもつ値もそのきわめて近くにあると推定できるので，代表値が分布を代表する力は特に大きいといえる．散らばりの程度が大きい場合には，代表値がわかっても，個々の個体のもつ値はそこから大きくかけ離れていることも多いので，代表値が分布を代表する力は弱いことになる．この散らばりの目安となる指標のことを総称して**散布度**(measure of dispersion)という．

散布度にもいろいろあるが，ここでは分散と標準偏差だけを紹介しておく．

「個々の個体の観測値が平均からどれだけ隔たっているか」を**偏差**(deviation)というが，偏差の二乗を全個体について足し上げて，標本サイズで割ったものを**分散**(variance)という．いいかえれば偏差の二乗の平均である．偏差そのものの平均だと，正の方向の偏差と負の方向の偏差が打ち消し合ってゼロ

になってしまうので，正であろうと負であろうと「隔たりがある」ことがすべて積極方向に効いてくるような指標を作ったのである．

分散の平方根をとったものを**標準偏差**(standard deviation)と呼ぶ．分散は，散らばりが大きいほど大きくなるという意味では目的にかなった指標だが，二乗という操作を含んでいるため，単位の観点からみると問題がある．たとえば身長の分布において原データがcmで表示されているとき，分散はcm^2を単位とするというおかしなことになる．この点を修正して単位の観点からも原データと整合性があるように調整したのが標準偏差である．

計算された分散や標準偏差が標本からのものであって母集団についてのものではないことを特に強調したい場合には，それぞれ**標本分散**(sample variance)および**標本標準偏差**と呼ぶ．

分散も標準偏差もともに散らばりの程度を表現する指標だが，変量を横軸にとったヒストグラムの中に平均値と一緒に散らばりの程度も表示したいような場合には，標準偏差のほうを用いなければならない．そうしないと横軸の尺度とのあいだで整合性がとれないからである．

標準偏差は，ギリシャ文字シグマの小文字を用いて，変量の名がxのときσ_xと表示する．誤解のおそれがないときは単にσだけでもよい（対応する分散はそれらに二乗の指数をつけたかたちで表示する）．図2-1の中ではそのような記号を用いて，平均値$\bar{x}$の場所とともに，平均値から上下に標準偏差の1倍だけ隔たった場所や2倍だけ隔たった場所などを示したのである．

一般に，変量がxで表現されているとき，大きさnの標本から計算されるxの分散σ^2は，観測値を$x_1, x_2, \ldots\ldots, x_n$，標本平均を$\bar{x}$として

$$\sigma^2 = \frac{(x_1-\bar{x})^2+(x_2-\bar{x})^2+\cdots\cdots+(x_n-\bar{x})^2}{n} \qquad (4)$$

という式で計算される．観測結果が度数分布で表現されているときには，変量のとりうる値を$x(1), x(2), \ldots\ldots, x(m)$，それぞれについて観測された度数を$f_1, f_2, \ldots\ldots, f_m$として，分散は

$$\sigma^2 = \frac{f_1\{x(1)-\bar{x}\}^2 + f_2\{x(2)-\bar{x}\}^2 + \cdots\cdots + f_m\{x(m)-\bar{x}\}^2}{n} \qquad (5)$$

となる．連続的変量が級区分して表示されているときも，この式を準用する．

分散と標準偏差を計算してみよう

　分散の計算には二乗が含まれ，さらに標準偏差の計算には平方根が含まれるため，これらの計算は平均値よりは面倒である．そこで，腕試しに用いる数値例はなるべく平易なものを選ぼう．度数分布で表示されているケースは省略し，原データがそのまま表示されている例のみをとりあげる．

　表2-5はその一例であるが，10人の被験者について，被験者番号別の変量xの観測値が表の左から2番目の欄のように与えられているとする．

表2-5　分散と標準偏差の計算（その1）

i	x_i	$x_i - \bar{x}$	$(x_i - \bar{x})^2$
1	4	−1	1
2	8	3	9
3	1	−4	16
4	4	−1	1
5	7	2	4
6	2	−3	9
7	10	5	25
8	1	−4	16
9	8	3	9
10	5	0	0
合　計	50	—	90
合計/n	5	—	9

　ここから分散や標準偏差を求めるには，まず平均値を求めておかねばならない．そのためには欄内の数値を合計して，それを標本サイズ10で割る．こうして平均値が$\bar{x}=5$と求まったら，それを各観測値から引いて左から3列目の偏差の欄を計算する．それが完成したらいちばん右の欄にその二乗を記入する．それを合計して標本サイズ10で割ることで，分散が$\sigma^2=9$と求められる．この場合，幸いにして9は平方根に開けるため，標準偏差は$\sigma=3$という切りの

よい数値として得られる.

表2-6のケースは,そのようにうまくはいかないケースである.観測値の合計は60なので,それを標本サイズで割った平均値は6という整数になり,偏差の計算もその二乗の計算も容易である点では,前のケースと似ている.しかも偏差の二乗の和は100という切りのいい数値になっている.だから分散は10となって,切りがいい.しかし,幸運なのはそこまでで,平方根に開こうとすると,計算は厄介になる.結果として$\sigma = \sqrt{10} \fallingdotseq 3.1623$となって,標準偏差については簡単な数値は得られないのである.

表2-6 分散と標準偏差の計算(その2)

i	x_i	$x_i - \bar{x}$	$(x_i - \bar{x})^2$
1	10	4	16
2	3	-3	9
3	6	0	0
4	2	-4	16
5	11	5	25
6	4	-2	4
7	9	3	9
8	2	-4	16
9	5	-1	1
10	8	2	4
合 計	60	—	100
合計$/n$	6	—	10

こんな例からもわかるように,統計学の問題では,手計算で簡単に解が出せるようなものはむしろ例外的である.したがって,原理がわかったら,その後の具体例についての計算は,電卓やパソコンなどを活用して行えばよいのである.

正規分布曲線の性質

さて,このようにして平均値と標準偏差の意味がわかったうえで,図2-1に立ち返ってみよう.そこでは,平均値から上下両方向に標準偏差の1倍程度隔たったあたりまでには,多くの個体が分布していて,個々の個体がそのような

値をとることはごくありふれていることがわかる．が，観測値が平均値から上下どちらかに標準偏差の2倍を超える隔たりをもつ個体はかなり珍しく，3倍を超える隔たりをもつ個体に至っては，標本サイズ240程度の標本の中には1例も観察されないほど希少だということがわかる．この経験的事実は普遍的法則をかなり忠実に反映しており，実際，この標本の背後に**正規分布**(normal distribution)にしたがう母集団があると想定すると，母集団自身についてもこのような傾向はほぼ同様に成り立つことが知られている．

ここで**正規分布曲線**(関数名としては「正規分布の**密度関数**(density function)」)の性質について述べておくと，それは左右対称で中央が丸みを帯びた峰になり，両端が急速にゼロに近づいてゆく釣鐘型をしている[2]．ただし，1本の決まった曲線ではなく，曲線の族である．

この点は，二次関数のグラフがいずれも放物線と呼ばれる曲線ではあっても，頂点の位置と二次の項の係数のいかんによって，それぞれ異なる放物線になるというのと似ている．

正規分布曲線も，平均値がいくつで標準偏差がいくつの正規分布であるかによって，それぞれに異なった曲線となる(図2-5)．平均値はグラフの峰の位置がどこにあるかを決め，標準偏差は山のなだらかさの程度を決める．標準偏差が小さい正規分布曲線ほど分布が平均値付近に集中する結果として，峰は高くなり，山は急峻になる[3]．

---

2) 数学的には $-\infty < x < \infty$ の全区間にわたって正の値をもつのだが，x が平均値から上下に標準偏差の4倍以上隔たった場所での値は，実質的にゼロと考えてよい．

3) 正規分布の密度関数の一般形は，平均を μ，標準偏差を σ として，

$$f(x) = \frac{1}{\sqrt{2\pi}\,\sigma} e^{-\frac{(x-\mu)^2}{2\sigma^2}}$$

で与えられる．ただし e は自然対数の底であり，この関数は指数部分にマイナス符号つきの二乗を含む特殊な指数関数である．

確率密度のグラフ

図2-5 正規分布の密度関数の例

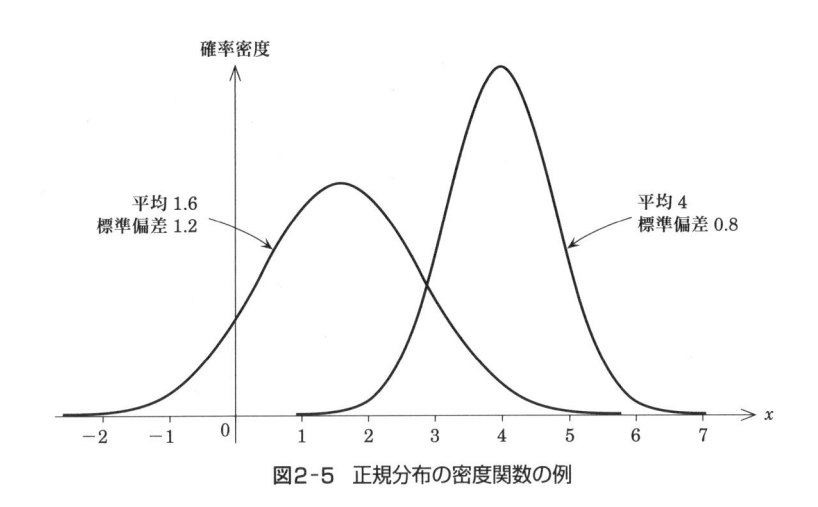

左側の曲線：平均1.6、標準偏差1.2
右側の曲線：平均4、標準偏差0.8

しかし，いずれの場合にも，平均値から標準偏差だけ隔たった場所が変曲点（グラフの湾曲の向きが逆転する点）になっていて，グラフの下の総面積は1であり，平均値から標準偏差の1倍以内の範囲のグラフの下の面積(68.2%)とか，2倍以内の範囲のグラフの下の面積(95.4%)とかも，決まった値になる．

この性質があるため，正規分布について考える際には，平均値が0で標準偏差が1の**標準正規分布**(standard normal distribution)についてだけ考察しても，一般性は害されない[4]．図2-6に描いたように，標準正規分布について，どの区間のグラフの下の面積がいくつということを示しておけば，その情報が任意の正規分布曲線に流用できる．

たとえば，標準正規分布曲線で±2.33の範囲内のグラフの下の面積が98%であるから，正規分布にしたがう現象ならば何であれ，標準偏差の2.33倍を超える偏差をもつような個体は両側合わせて2%であり，正の側だけなら1%と

---

4) 標準正規分布の密度関数は

$$f(z) = \frac{1}{\sqrt{2\pi}} e^{-\frac{z^2}{2}}$$

で与えられる．

いうことになる．

　正規分布にしたがうとみられる変量xの個々の値について，それが標準正規分布でいえば横軸上のどこの位置に相当するかを知るには，平均$\bar{x}$と標準偏差σを用いて，つぎの式でzに変換すればよい．

$$z = \frac{x - \bar{x}}{\sigma} \tag{6}$$

これを変量の**標準化**(standardization)という．

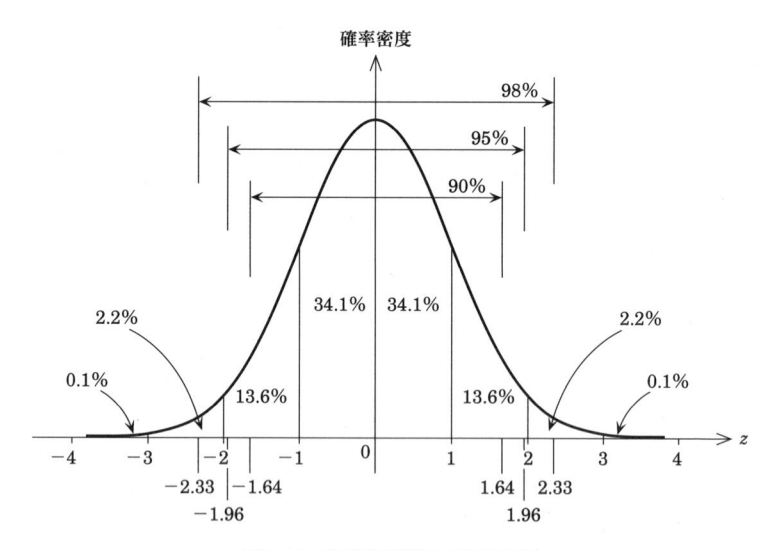

図2-6　標準正規分布の密度関数

偏差値とIQ

　教育の分野で有名な**偏差値**(deviation score)とかIQ(知能指数)とかいうものも，この正規分布との関係で理解すると，その意味がよくわかってくる．

　偏差値とは，受験者全員の平均点に相当する得点を50に変換し，標準偏差の1倍だけの隔たりを10に換算するような換算法によって算出される指標である．式で書けば

$$z = 50 + 10 \times \frac{x - \bar{x}}{\sigma} \qquad (7)$$

である．そのため，平均点よりも上方に標準偏差の1倍だけ隔たった得点は60に，2倍だけ隔たった得点は70に，3倍だけ隔たった得点は80に，それぞれ換算される(下方に標準偏差の1倍だけ隔たった得点は40に，2倍だけ隔たった得点は30に，3倍だけ隔たった得点は20に換算される)．そこで，受験者の得点がほぼ正規分布にしたがっているとすると，偏差値が60を超える人は約15.9％，70を超える人は約2.3％，80を超える人は約0.1％だけ存在することになる．

IQの場合は平均を100に，標準偏差の1倍だけの隔たりを15に換算している．式で書けば

$$z = 100 + 15 \times \frac{x - \bar{x}}{\sigma} \qquad (8)$$

である．そのため，115という数値が偏差値の場合の60に，130という数値が偏差値の場合の70に，145という数値が偏差値の場合の80に相当することになる．

いずれの場合も換算法はこうでなければならないという科学的必然性があるわけではなく，習慣的なものである．

正規分布の数表の読み方

標準正規分布の密度関数について，どの範囲のグラフの下の面積がどれだけになるかという情報の概略は，図2-6で示した．しかしそれは，代表的な節目から節目までの区間をいくつか選んで示したものにすぎないので，任意の区間について，グラフの下の面積がどうなるかを知るには，不十分である．そこで，この目的のためには詳しい数表が作られており，統計分析の実践にあたっては，その数表を参照するのが一般的な解決法である．

本書でも，巻末に標準正規分布表というものを掲載しているが，これは，負の無限大からzまでの区間での，密度関数のグラフの下の面積$\Phi(z)$を表にし

たものである．密度関数から派生するこのような関数を**分布関数**(distribution function)と呼び，その全体像を密度関数と上下に対応させて描けば図2-7のようになる[5]．分布関数は必ず0から始まって1までの値をとる増加関数である．標準正規分布の場合には密度関数が左右対称であるのに対応して，$z=0$のところでちょうど

$$\Phi(z) = 0.5$$

になり，グラフはこの点を中心として点対称な姿になる．なお，密度関数から分布関数が派生する関係は，図2-4に描いたヒストグラムから累積相対度数の折れ線グラフが派生する関係と同じものである．

上記の対称性があるため，分布関数の数表はzが正の範囲についてだけ示しておけば十分であり，巻末の数表はそのようになっている．数表が縦横の表になっているのは，小数第1位までの値を左端に示して，それに続く小数第2位が0から9までのどれであるかに応じて，$\Phi(z)$の値が横に10列ならべて示してあるからである．

たとえば，$z=1.96$に対応する面積の値を知りたければ，表の第20行第7列の数値を読めばよく，結果として

$$\Phi(z) = 0.9750$$

が得られる．ここを境として左側全体の面積が97.5％という意味であるから，いいかえれば，$z \geq 1.96$の区間に対応する面積は2.5％しかないということである．このようなzの値を「標準正規分布の上側2.5％点」と呼ぶ．

---

5) 分布関数は密度関数の積分になっており，密度関数は分布関数の微分になっている．正規分布の場合，分布関数は，密度関数を$f(t)$として

$$\Phi(z) = \int_{-\infty}^{z} f(t)dt$$

という定積分そのものによって表現され，これより簡単なかたちに書き直す方法はない．

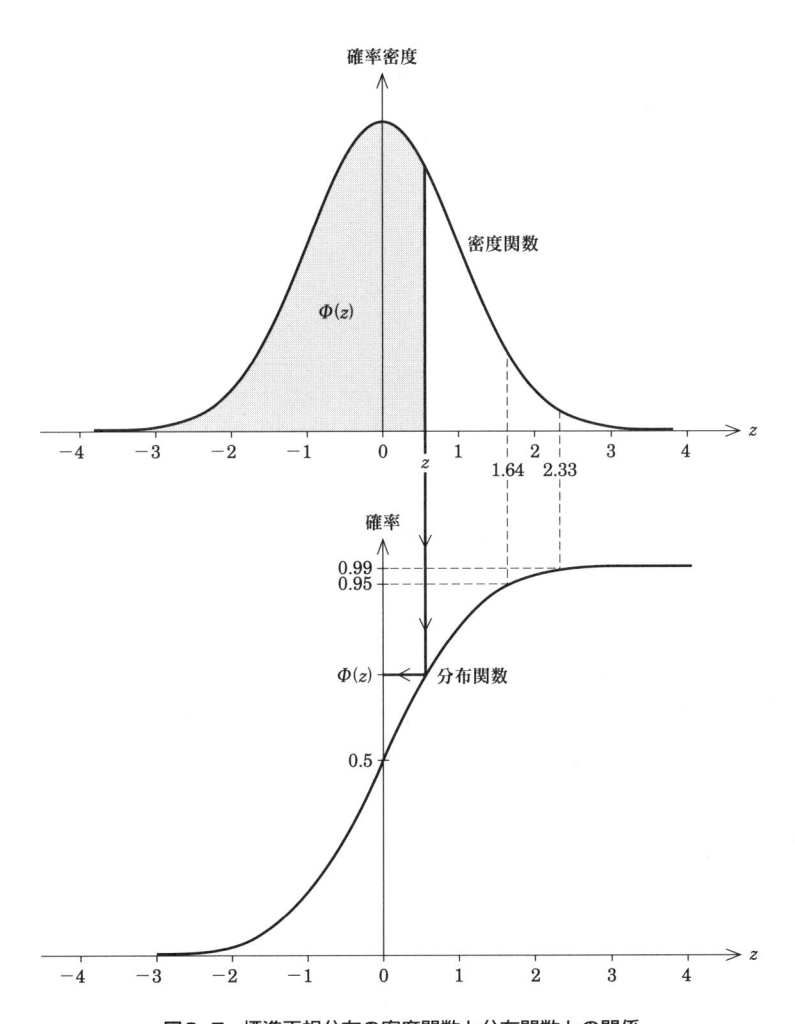

図2-7 標準正規分布の密度関数と分布関数との関係

すると，グラフの左右対称性からいって，$z \leq -1.96$ の区間のグラフの下の面積も同じく2.5％になっているはずであるから，$-1.96 \leq z \leq 1.96$ の区間に対応するグラフの下の面積は95％であるということが派生的にわかり，図2-6に記入されている情報と整合的であることがわかる．

なぜ多くの現象が正規分布にしたがうのか

ここで，なぜ世の中の多くの現象がほぼ正規分布にしたがうのかについて，多少理論的な説明をつけ加えておくことにしよう．

ある集団に属する個々の人の身長がどう決まるかは，関与する複数の遺伝子と，生育時の環境や栄養状態などに依存すると考えられるが，いずれにしても，単独では決定力をもたない複数の要因の合成結果が，その人の身長の観測値になるわけである．身長を高める方向をプラス，低める方向をマイナスと呼ぶなら，極端に高い身長は，それらの諸要因の組み合わせがほとんどプラスばかりという希なケースにおいて出現し，極端に低い身長は，それらの諸要因の組み合わせがほとんどマイナスばかりというこれまた希なケースにおいて出現するものと考えられる．中くらいの身長は，プラスとマイナスが半々ぐらいに混じり合ったケースにおいて出現するものと考えられる．

ここで「場合の数」という数学的思考を導入すると，プラスばかりとかマイナスばかりとかいう組み合わせは「場合の数」として少なく，半々ぐらいという組み合わせは「場合の数」として多いという重要な事実がある．それが基礎になって，左右対称で中央が丸みを帯びた峰になり，両端が急速にゼロに近づいてゆく釣鐘型の分布，すなわち正規分布が生まれてくるのだ．

この点をさらにわかりやすく示すために，理屈からいって，正規分布そのものではないけれども，それにきわめて近い分布になるような現象のモデルを，ひとつ提供しよう．

いま，世界中から6人の子どもをもつ夫婦だけを選び出して，子どものうち何人が女の子であるかに着目し，その人数を変量として相対度数の分布を求めたとする．標本サイズを十分に大きくとれば，その分布はほぼ表2-7のような

表2-7 6人兄弟姉妹中の女の子の数の予想される相対度数分布

女の子の数	相対度数
0	1/64
1	6/64
2	15/64
3	20/64
4	15/64
5	6/64
6	1/64

ものになるはずである．

なぜなら，表2-8に示すように，兄弟姉妹の産まれ方の順番まで考慮に入れて場合の数を求めると，「男ばかり6人」とか「女ばかり6人」とかの産まれ方は1通りずつしか存在しないのに対して，「男3人，女3人」という混ざり方の兄弟姉妹が産まれる産まれ方は20通りもあり，「4対2」や「2対4」もそれぞ

表2-8 6人兄弟姉妹のありうる性別組み合わせの分類（○……女，●……男）

れ15通りずつと，多いからである．個々の出産で男女それぞれの産まれる確率は2分の1ずつであるとすると(医学的に厳密にいうと，そうではないが)，どの1通りの産まれ方も対等に64分の1ずつの確率で生起することになるので，「男3人，女3人」という産まれ方は「男か女かどちらか一方だけ6人」という産まれ方の20倍の確率で生起し，「4対2」や「2対4」という産まれ方は「どちらか一方だけ6人」という産まれ方の15倍の確率で生起することになるのだ．

　これ自体は**二項分布**(binomial distribution)と呼ばれる分布であるが，これがもう十分に正規分布に近い分布になっていることは，表2-8の白丸や黒丸でできた柱をヒストグラムのようにみなして，正規分布曲線の釣鐘型と比較してみれば，容易にわかる[6]．

　この分布において0から6までの数値は「女の子の数」だと解釈してきたが，つぎのような得点として解釈することもできる．まず，各夫婦に一様に3点を与えておく．そして，女の子が産まれるごとに＋0.5点を与え，男の子が産まれるごとに－0.5点を与える．こうしておいて，子どもが6人産まれた時点で帳簿を締め切り，各夫婦の得点をみる．その得点の相対度数分布はほぼ表2-7のようになるであろう．

　これでわかるように，正規分布というのは，変量の標準的な値が何らかの基本法則で決まったあとで，ぶれを生じさせる多数の要因が副次的に関与して，個々の個体のもつ変量の値に散らばりを生じさせているような，そういう現象には普遍的にあてはまるものである．しばしば「誤差の分布は正規分布だ」と言われるのは，この意味である．

---

[6]　二項分布の公式によって計算すれば，本文の仮定(個々の出産で女の子の産まれる確率と男の子の産まれる確率は2分の1どうしで等しい)のもとでは，6人兄弟姉妹中女の子の数がr人である確率$P(r)$は

$$P(r) = {}_6C_r\left(\frac{1}{2}\right)^r\left(\frac{1}{2}\right)^{6-r} = {}_6C_r\left(\frac{1}{2}\right)^6 = \frac{{}_6C_r}{64}$$

となり，結論的には，6個からr個とる組み合わせの数を64分の1倍するだけで求められる．

たとえば，ある工場で，ある規格の製品を製造しているときに，多数の製品を取り出してその寸法を測ってみれば，規格の寸法を中心にして若干の幅の範囲に分布することになるだろうが，そのような場合の分布も，理論的にみて正規分布になると考えられる．

　このため，正規分布の知識は品質管理に応用することができる．ある工程が設定され，それを計画どおりに稼働させたときの製品の寸法の分布をいったん平均値と標準偏差のかたちで測定しておくと，工程が当初と同じ順調さで動いているかぎり，測定された標準偏差の3倍以上平均から隔たるような製品は，プラス方向もマイナス方向もそれぞれ0.1％程度しか生じないはずである．そういう不良品がもし100個に1個ぐらい生じてくるようだと，工程そのものが順調に動いていないと推定してかまわないことになる．

【練習問題】
1. ——300人の被験者からなるある集団の体重の測定結果を度数分布として表現したものが，表のように与えられているとする．「三級合計」と書いてあるのは，前後三つずつの級を統合した場合の度数を示したものである．

体　重(kg)	度　数	三級合計
37.5 以上　42.5 未満	5	
42.5～　　47.5	14	57
47.5～　　52.5	38	
52.5～　　57.5	55	
57.5～　　62.5	42	134
62.5～　　67.5	37	
67.5～　　72.5	48	
72.5～　　77.5	19	90
77.5～　　82.5	23	
82.5～　　87.5	8	
87.5～　　92.5	6	15
92.5～　　97.5	1	
97.5　　 102.5	3	
102.5～　 107.5	0	4
107.5～　 112.5	1	
合　　計	300	300

(1) まず最初に，統合前の級区分のもとで得られる度数そのものをとりあえず縦軸に目盛ってヒストグラムを描いたとする．それに重ね合わせて，級を統合した場合のヒストグラムも描き込みたい．「三級合計」の数値をどのように加工したうえでヒストグラムの高さを決めるべきか．

(2) 以上の作業で得られたヒストグラムを同一に保ったまま，縦軸の目盛を変えることによって，これを「度数の密度」(＝横軸変数の幅1単位あたりの度数)を縦軸にとったヒストグラムとして再解釈したい．目盛をどのようにつければよいか．

(3) さらに，ヒストグラムを同一に保ったまま，これを「相対度数の密度」を縦軸にとったヒストグラムとして再解釈したい．縦軸の目盛をどのようにつければよいか．

(4) 以上の三種類の縦軸の目盛を併存させて，実際にヒストグラムを(級を統合したものも含めて)描きなさい．

2. ——級区分された同一の変量について，標本Aと標本Bの二種の度数分布が表のように与えられている．それぞれの標本について平均値とメディアンを(小数第1位まで)求めなさい(以下，解答を小数で要求する問題については，第何位まで求めよとの要求を添え書きする．四捨五入を用いること)．

級	度数(標本A)	度数(標本B)
0 以上 100 未満	48	237
100～ 200	145	626
200～ 300	357	824
300～ 400	591	421
400～ 500	613	293
500～ 600	498	205
600～ 700	344	154
700～ 800	214	118
800～ 900	135	75
900～1,000	55	47
合 計	3,000	3,000

3. ——所得の分布や資産保有額の分布においては，一般に平均値とメディアンはどちらが大きいと考えられるか．

4. ——10人からなる被験者集団について，x, y, zの三変量の観測結果が表のように与えられている．それぞれの平均値と標準偏差を求めなさい(標準偏差は小数第3位まで)．

i	x_i	y_i	z_i
1	9	4	10
2	4	9	8
3	9	2	14
4	1	11	10
5	3	6	8
6	7	3	12
7	4	2	7
8	2	8	13
9	3	5	10
10	8	10	8

5. ──ゾウの体重の分布の標準偏差とネズミの体重の分布の標準偏差とを比較して，どちらの動物のほうが個体間の体重のばらつきが大きいかを論じることは，かなりばからしい結果をもたらすと思われる．それはなぜか．その問題点を回避するためにはどんな解決策が考えられるか．

6. ──表2-7に描かれている相対度数分布の平均値と標準偏差を求めなさい（標準偏差は小数第3位まで）．なお，分布が相対度数で表示されている場合，後のPart4の(4)式および(8)式を用いると便利である．

7. ──前問の相対度数分布は離散型の分布であるが，これを正規分布と比較する場合には，かりに連続型の分布であるかのようにみなして，となりどうしの柱のあいだに隙間のないヒストグラムで表現すると都合がよい．それを図示したのが後のPart4の図4-2である（なお，「相対度数」と「確率」はここでは同じ意味に理解してよい）．図4-2では，たとえば女の子の数が3人になる確率である20/64は，$x = 3$の一点に集中して分布しているのではなく，$2.5 \leq x \leq 3.5$の区間に均一な密度で分布しているものと考えている．この分布を標準正規分布と比較するために，xに標準化の操作をほどこして，新たな変数zを定義する．

　　(1) xの節目となっている値である，2.5, 3.5, 4.5, 5.5は，それぞれzのどういう値に変換されるか（小数第2位まで）．

　　(2) $2.5 \leq x \leq 3.5, 3.5 \leq x \leq 4.5, 4.5 \leq x \leq 5.5, 5.5 \leq x$の各区間について，対応する標準正規分布の密度関数のグラフの下の面積を数表から求め，図4-2のヒストグラムの柱の面積を小数で表現した数値と並べて表示しなさい（小数第3位まで）．

8. ──模擬試験の得点の分布が完全に正規分布にしたがっていると仮定した場合，

受験者1万人の模擬試験で順位100位の人の偏差値はどのくらいになるか．また，順位500位の人の偏差値はどのくらいになるか(ともに小数第1位まで)．

9. ——分布がメディアンの左右にどの程度広がっているかを測る目安として，累積相対度数が25％になる点と，75％になる点に着目する考え方がある．前者を**第1四分位**(first quartile)，後者を**第3四分位**(third quartile)と呼ぶ(第2四分位は累積相対度数が50％になる点で，メディアンそのものに相当する)．第3四分位から第1四分位を引いて2で割ったものを**四分位偏差**(quartile deviation)と呼び，散布度の一種として用いることがある．表2-4のデータについて四分位偏差を求めなさい(小数第1位まで)．

Part 3

関係の分析

出世は実力によるけれど，その速度は人並み？

古い話だが，1980年代の前半にNHKテレビで放送されていた番組に，さまざまな問題についての100人の回答を押しボタン方式で即座に集計してみせる番組があった．詳しい日付は失念したが，あるときその番組で，中堅サラリーマンの職業観・家庭観などを尋ねるというテーマが取り上げられた．

その設問の中に，「あなたのこれまでの昇進の主な要因は何ですか」という質問と「あなたのこれまでの昇進の速度は周囲に比べて速いですか遅いですか」という質問とがあった．回答の集計結果はおおむね表3-1のようなものであったと記憶している．アナウンサーはこれら二つの質問への回答結果をまとめて批評し，「自分の出世は実力によるけれども，その速度は人並みだと考えている人が多いのですね」と結論づけていた．私はその推論の過程に疑問を感じた．第一の質問への回答のモード（いちばん多くの度数が積もったカテゴリー）は確かに「実力」であり，第二の質問への回答のモードは確かに「人並み」だが，二つの質問への回答を重ね合わせた場合，「実力かつ人並み」という組み合わせがモードになるかどうかは，即断できないはずだと感じたのだ．

表3-1　中堅サラリーマン100人が答えた自分の昇進についての自己評価

あなたのこれまでの昇進の主な要因は何ですか	実力	年功	上司の引き立て	合計
	60	30	10	100

あなたのこれまでの昇進の速度は周囲に比べて速いですか遅いですか	人並み	速い	遅い	合計
	50	35	15	100

そこで私は，この二変量のあいだで，かりにクロス集計表を作成した場合を想定して，ありうる数値の配置について考察をめぐらせてみた．

ちなみに，複数の変量について調査が行われた場合，ひとつひとつの変量を切り離してとらえ，それらの度数分布を求めるだけで済ませるのを**単純集計**という．これに対して，二つの変量に同時に着目し，個々の被験者のもつ値について，「変量Aについてこれこれの値をもつと同時に，変量Bについてはこれ

これの値をもつ」という組み合わさり方を追跡して，それを集計するのを，**クロス集計**と呼ぶ．

クロス集計された表を**クロス集計表**（cross table），**分割表**，**連関表**（contingency table）などという．クロス集計においては，まず**表側項目**と呼ばれる第一の変量のもつカテゴリーの数に対応するだけの行と，**表頭項目**と呼ばれる第二の変量のもつカテゴリーの数に対応するだけの列を設けて，縦横のマス目を作り，個々のマス目（**セル**，cellと呼ばれる）に該当する度数を記入する．これらのセルの全体に記入される度数分布を**同時分布**（joint distribution）という．同時分布の記入作業が終了したら，右の欄外に各行の和を計算して記入する．また，下の欄外に各列の和を計算して記入する．こうしてできる右端の一列と下端の一行の数値の並びは**周辺分布**（marginal distribution）と呼ばれるが，これらは個々の変量についての度数分布そのものになっている．周辺分布をさらに集計した数値は，縦に加えても横に加えても同一で，被験者の総数，すなわち標本サイズに一致する．

さて，この「昇進」の問題の場合，周辺分布はすでに表3-1によって判明しているわけであるから，それを先に書き込んだうえで，推測にもとづいて同時分布の部分を埋めてゆく作業にとりかかった．その結果，「このような配置がもっともらしい」と私が考えたのが，表3-2である．

表3-2 二項目の回答のあいだに推測される関連の構造

		昇進の速度			合計
		人並み	速い	遅い	
昇進の主要因	実 力	20	25	15	60
	年 功	30	0	0	30
	上司の引き立て	0	10	0	10
合 計		50	35	15	100

まず，自分の昇進の主要因を「年功」と考えている人は，ほとんど例外なく出世の速度は「人並み」と考えているであろうから，表の第2行は

$$[30, 0, 0]$$

に近いと推測される．また，昇進の主要因を「上司の引き立て」と考えている人は，ほとんど例外なく出世の速度は「速い」と感じているであろうから，表の第3行は

$$[0, 10, 0]$$

に近いと推測される．すると，自動的に表の第1行は

$$[20, 25, 15]$$

となり，みられるとおりに表は完成される．

この場合，同時分布の中で最も度数が高いセルは「年功かつ人並み」，二番目に度数の高いセルは「実力かつ速い」となり，アナウンサーが総括したようにはならない．

もちろんこれはありうる一例にすぎないのであって，真相が必ずこうだと主張できるものではないが，少なくともアナウンサーが言ったようには必ずしもならないという反例は示せたわけである．

変量相互間が独立であるときと，そうでないとき

では，アナウンサーはなぜそのような誤りを犯してしまったのか？

それは，二つの周辺分布のモードどうしの交わった場所に同時分布のモードが生じるという，漠然とした考えが頭にあったからではないかと思われる．そういうことはある前提の下では真であるが，別の前提の下では真ではない．

ここで問題になってくるのが変量相互間の**独立性**(independence)という問題である．

端的な例として「ゲタと天気」という例を取り上げよう．

ゲタを空に蹴り上げて，落ちたときに表に向くか裏に向くかで明日の天気を占うという遊びは，だれも本気で当たるとは思っていない．「ゲタが表に向き，かつ翌日の天気は晴」ということは，確かによく起こりはするが，それは占いが当たったのではなく，偶然の結果にすぎないと考える．ではその場合，何をもって「偶然にすぎない」と判断するのだろうか？

その背後にある考えは,「ゲタが表に向いた場合と裏に向いた場合とで,翌日が晴になる率は特に変わらない」のなら「偶然」といってよい,という判断なのだ.めんどうな数学などは知らなくても,多くの人は直感で,そのように感じている.(もっとも,世の中にはときどき,「祈って,願いが叶った」ケースと「祈らなくて,願いが叶わなかった」ケースが多くあることを報告しさえすれば「祈りには願望実現の力がある」という命題の証明になると考えるような人がいるが,常識のある人は,少し冷静に考えるとその論法はおかしいと気づくものである.ものごとの関連性についてのこの種の命題は,「祈ったときと祈らなかったときとで願いの叶う率に差があったかどうか」で判断すべきものである.)

そこで,ゲタが表に向く確率は一般に0.6であるとして(ここで「確率」という概念を先取りして使ってしまうが,常識で理解できるであろう),天気が晴になる確率が0.75であるような季節にゲタ占いをしたとして,たとえば1000回という多くの回数,試行を繰り返した結果,二つのことがらの起こり方が表3-3のような状態になるならば,人々は「やっぱり偶然にすぎない」と感じることになる(実際には多少のぶれが生じるであろうが,ここではぶれのない理想的なケースを示している.確率をもとに理論的に算出されるこのような度数を**期待度数**(expected frequency)という.実際には,ぴったりこうでなくても十分にこれに近い度数なら,人々は「やっぱり偶然にすぎない」と感じるであろう).

表3-3 二変量が独立である場合の例

ゲタ＼天気	晴	その他	合計
表	450	150	600
裏	300	100	400
合計	750	250	1,000

こうした2行2列のクロス集計表を一般型として示せば表3-4のようになるが,表側項目の出方が1になるか2になるかが,表頭項目の出方に影響しない

表3-4 2行2列のクロス集計表の一般型

		表頭項目		合計
		I	II	
表側項目	1	a	b	$a+b$
	2	c	d	$c+d$
合計		$a+c$	$b+d$	n

というのは，いいかえれば，各行内でみた相対度数の分布が行の別によらずに一定ということで，$a:b = c:d$ ということである．このときじつは各列内でみた相対度数の分布が列の別によらずに一定という関係も成り立ち，$a:c = b:d$ となる．このようなことを指して，二つの変量相互間は**独立**(independent)というのである．

このケースについて，周辺分布と同時分布のすべての度数を標本サイズで割って相対度数に直すと，表3-5のようになるが，同時分布の各セルの相対度数は，対応する行と対応する列のそれぞれの周辺分布の相対度数の積になっている(たとえば「表かつ晴」が起こる相対度数である0.45は，「表」が出る相対度数0.6と「晴」が起こる相対度数0.75の積になっている)．このようなときにだけ，周辺分布のモードどうしの交わった場所に必ず同時分布のモードが生じると主張できるのである．

表3-5 二変量が独立である場合の相対度数

ゲタ ＼ 天気	晴	その他	合計
表	0.45	0.15	0.6
裏	0.3	0.1	0.4
合計	0.75	0.25	1

「昇進」の例のような，第二の質問にどう答えるかが第一の質問へのその人の回答のありように依存している場合には，モードどうしの交点にモードが生

じるとはかぎらないので，単純集計のモードについての情報を押し広げて同時分布について推論することは，許されなくなる．同時分布は同時分布それ自体として，あらためて集計し直して考察しなければならない．表3-2は私が推測して描いたものだが，真相がどうであったかは，当の放送で同時分布の集計がとられていない以上，永遠に謎にとどまる．

こういうふうに，統計的情報の中には，クロス集計表を眺めて初めて得られる情報というのがあるのであって，それは，個々の変量についての度数分布をいくら詳細に眺めても，出てはこない性格のものなのだ．

こうした点に，統計分析が変量間の関連の分析へと発展しなければならない必然性が存在する．

逆は必ずしも真ならず

いま，ある恐ろしい疾患があるとして，「その病気に罹患している人の90％には，これこれこういう症状が出る」という特徴的な症状が公表されているとする．その症状は，その病気に罹っていない人にもたまには現れるが，その確率は低く，1％であるとする．

こういう情報があるとき，多くの人は「当の症状が出ているなら，きっとあの病気にちがいない(少なくともその可能性がきわめて高い)」という推論をしてしまう．それにもとづいて，特定症状を呈している人を偏見・差別の目で見たり，あるいは本人自身が「自分はきっともうダメだ」と悲観したりする話が，しばしば聞かれる．

ところが，この推論は一般的には正しくないのだ．

ここでの推論の基礎になっている情報は，罹患している人としていない人についての行ごとの相対度数の分布だけであり，表3-6のとおりである．ここでは，およそ世の中全体でどのくらいの割合の人が当の疾患に罹るものかという情報は欠落している．いま，その情報が補足され，1000人に1人が罹患するという率として示されたとすると，10万人を調査した場合，予想される同時分布は表3-7のようなものになる(これも表3-3の場合と同様，期待度数を書い

表3-6 行和に対する相対度数のみの情報

	症状あり	症状なし	合 計
罹 患 者	90(%)	10(%)	100(%)
非罹患者	1(%)	99(%)	100(%)

表3-7 背後にある度数分布

	症状あり	症状なし	合 計
罹 患 者	90	10	100
非罹患者	999	98,901	99,900
合 計	1,089	98,911	100,000

たものである).罹患している人が当の症状を呈する可能性はきわめて高いが,罹患する人自体が100人と少ないため,「罹患していて,その症状を呈している」人は100人の90％であって,90人である.これに対して,罹患していない人が当の症状を呈する可能性はきわめて低いが,罹患していない人自体が99900人と多いため,「罹患していないが,その症状を呈している」人は99900人の1％であって,999人というかなりの数にのぼることになる.したがって,この同時分布の列ごとの相対度数分布を計算すれば表3-8のようになり,「その症状を呈している人のうち,当の疾患に罹っている人の割合」は8.26％にすぎない.「罹患していればこの症状が出る」と高い確率で言えても,必ずしも「この症状が出れば罹患している」と高い確率で言えるとはかぎらず,「逆は必ずしも真ならず」なのである.

表3-8 列和に対する相対度数

	症状あり	症状なし	合 計
罹 患 者	8.26(%)	0.01(%)	0.1(%)
非罹患者	91.74(%)	99.99(%)	99.9(%)
合 計	100(%)	100(%)	100(%)

このような場合にしばしば誤った推論が生じるのは，多くの人が「罹患している人のうち症状が出る人の割合」と「症状が出ている人のうち罹患している人の割合」とを，何となく混同してしまっているからだ．ところが，クロス集計表で相対度数を考えるときには，表3-5に描かれているような「全体に対する相対度数」のほかに，表3-6のような「行和に対する相対度数」と表3-8のような「列和に対する相対度数」があり，三者はそれぞれ異なる値をとるのだということに，注意しておかねばならない．

原因の確率についてのベイズの定理

ここで話を少し先取りして確率論の用語を使い，上のようなケースで誤らずに推論を進めるための手順を紹介しておこう．

いま，多数の人数からなる集団から1人の人を抽出したときに，その人が「罹患者である」という**事象**(event)をAで表現し，その反対の「罹患者でない」という事象を$\bar{A}$と表現することにしよう．Aが起こる確率$P(A)$が知られていれば，その**余事象**(complementary event)と呼ばれる$\bar{A}$の起こる確率は自動的に決まり，

$$P(\bar{A}) = 1 - P(A)$$

である．

次に，同じ集団から1人の人を抽出したときに，その人が特定の症状を「呈している」という事象をBと表現しよう．

いま$P(A)$は既知であるが，事象Bの起こる確率$P(B)$は直接には知られておらず，事象Aが起こったという条件下での事象Bの起こる確率$P(B/A)$と，事象$\bar{A}$が起こったという条件下での事象Bの起こる確率$P(B/\bar{A})$とだけが知られているとする（これらが表3-6の場合の90％と1％に相当する）．

すると，Bが起こる確率というのは，起こりうる結果全体のうちで，「AであってかつB」という事象$A \cap B$と，「$\bar{A}$であってかつB」という事象$\bar{A} \cap B$の占める割合であるため，次のように計算できることになる．

$$P(B) = P(A \cap B) + P(\bar{A} \cap B)$$
$$= P(A)P(B/A) + P(\bar{A})P(B/\bar{A}) \qquad (1)$$

これは，図3-1のように両辺の長さが1の正方形を描いてその周囲に既知の確率を書き込んだ場合，影をつけた二つの長方形の面積の和に相当する．

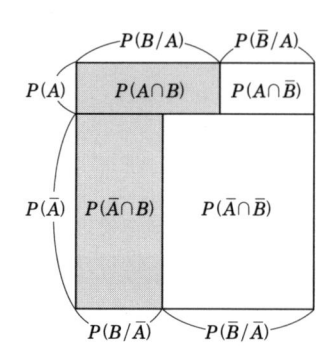

図3-1 ベイズの定理の考え方

ここから，Bが観察されたという条件の下での，背後にAが起こっている確率というものを計算することができる．それを$P(A/B)$と表現すると，

$$P(A/B) = \frac{P(A \cap B)}{P(A \cap B) + P(\bar{A} \cap B)}$$
$$= \frac{P(A)P(B/A)}{P(A)P(B/A) + P(\bar{A})P(B/\bar{A})} \qquad (2)$$

となる．この式で表現される関係を原因の確率についての**ベイズの定理**（Bayes' theorem）という．表3-7の具体的なケースにこれを適用すると，

$$P(A/B) = \frac{0.001 \times 0.9}{0.001 \times 0.9 + 0.999 \times 0.01}$$
$$= \frac{0.0009}{0.0009 + 0.00999} = \frac{0.0009}{0.01089} \fallingdotseq 0.0826 \qquad (3)$$

ということになる．

散布図と相関係数

以上に挙げた「昇進」と「罹患」の例からもわかるように，二変量のあいだの関係が問題となるときには，いろいろと誤りやすいことが起こり，またそれゆえに，統計学を知ってこそ正しく判断できるという事柄も多くなる．

ただし，扱う対象が質的変量の場合には，クロス集計表を直接に読み取るレベルを超える高度な手法で，初学者に親しみやすい手法はあまりない．それにひきかえ，数直線上の数に対応しているような量的な変量どうしのあいだの関係については，これから述べる相関係数をはじめ，簡単で有力な分析手法が多くある．

相関係数は離散的変量についても計算できるものであるが，ここでは連続的変量の場合をまず取り上げよう．

2個の連続的変量のあいだの関係については，両変量に級区分をほどこして縦横のマス目を構成し，クロス集計表を作成することも可能だが，それよりも，各個体についての観測値を直接に座標とするような点を平面上に打って，星団状の図を作成したほうが，原データのもつ情報が失われなくてベターである．それは図3-2のようなものになる．連続的変量においては，同じ場所に観測値が落ちる個体は原則として二つはない．この事実は，一変量の分析の際には難点であったが，二変量の分析の際にはかえってそれが長所となり，縦横に広が

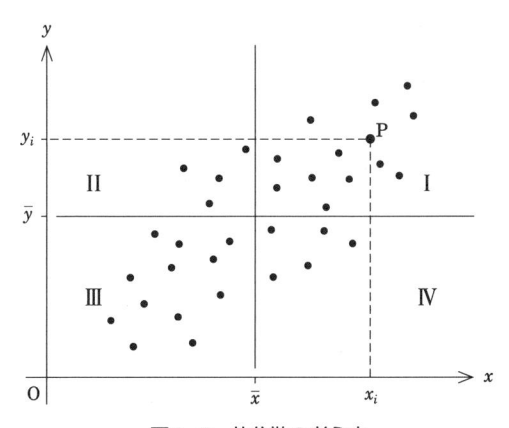

図3-2　共分散の考え方

った点の群によって分布のありさまを的確に知ることができるのだ．このような図を**散布図**(scatter diagram)という．

変量の名をxとyとしたとき，点の群の真ん中あたりで，両変量の平均値を示す$x=\bar{x}$という直線と$y=\bar{y}$という直線が交差することになるが，この交点を基準にして右上側を第I象限，左上側を第II象限，左下側を第III象限，右下側を第IV象限と呼ぶことにしよう．

いま，第i被験者の観測値を表現する点をP(x_i, y_i)とすると，$x_i-\bar{x}$のことをこの被験者のもつx方向の**偏差**(deviation)，$y_i-\bar{y}$のことをy方向の**偏差**という．これら二つの偏差の積を，全被験者について足し上げて，標本サイズで割ったものをxとyの**共分散**(covariance)といい，Cov(x,y)で表す．式で書けば，標本サイズがnであるとき

$$\mathrm{Cov}(x,y) = \frac{(x_1-\bar{x})(y_1-\bar{y})+(x_2-\bar{x})(y_2-\bar{y})+\cdots\cdots+(x_n-\bar{x})(y_n-\bar{y})}{n}$$

(4)

である．これは，Part 2 で紹介した分散の式と似ており，「偏差の二乗」の代わりに「偏差の積」となっている点だけが異なる．逆にいうと，分散は共分散の特殊ケースであって，「同一変量のあいだでの共分散」あるいは「自分自身との共分散」ということができる．共分散の表記との釣り合い上，分散についてもxの分散をVar(x)，yの分散をVar(y)といった書き方をすることもあるので，その書き方でもういちどPart 2の式を書いておけば

$$\mathrm{Var}(x) = \frac{(x_1-\bar{x})^2+(x_2-\bar{x})^2+\cdots\cdots+(x_n-\bar{x})^2}{n}$$

(5)

である．

さて，話を共分散に戻すが，具体的な被験者について，点Pが図3-2に描いたように第I象限にあるときには，偏差がどちらも正なので，偏差の積は正になる．第III象限にあるときには，偏差はどちらも負になるが，結果として偏差の積は第I象限と同様，正になる．第II象限または第IV象限にあるときには，偏差は正と負の組み合わせとなるため，積は負となる．

そこで，そうした偏差の積の平均値である共分散は，散布図の点の群が右上がりの楕円状に分布しているときに(第Ⅰ，第Ⅲ象限に属する点の割合が高いため)正の値をとり，逆に左上がりの楕円状に分布しているときに(第Ⅱ，第Ⅳ象限に属する点の割合が高いため)負の値をとる．楕円が円に近くなれば共分散の絶対値は小さくなり，細長くなるほどその絶対値は大きくなる．このようにして，共分散は二変量間にどの程度，増減をともにする関係，あるいはその逆の関係があるかを教える指標としてふさわしいことになる．

　ただし，共分散には単位のとり方しだいで数値が変わるという欠点がある．たとえばxが身長でセンチメートル単位で測定され，yが体重でキログラム単位で測定されているとすると，xの単位をミリメートルに変えただけで，共分散は10倍になってしまう．この欠陥を修正し，単位のとり方に依存しない一般性のある尺度を得るために，共分散に双方の変量の標準偏差の積で割るという操作を加えたものを，xとyの**相関係数**(correlation coefficient)といい，$r(x, y)$で表現する．誤解が起こらない場合は単にrだけでもよい．式で書くと

$$r(x, y) = \frac{\mathrm{Cov}(x, y)}{\sigma_x \sigma_y} = \frac{\mathrm{Cov}(x, y)}{\sqrt{\mathrm{Var}(x)}\sqrt{\mathrm{Var}(y)}} = \frac{\mathrm{Cov}(x, y)}{\sqrt{\mathrm{Var}(x)\mathrm{Var}(y)}}$$

(6)

である．

　相関係数は無名数(cm，kg，¥などの特定の単位に結びついていない数)であり，その絶対値は必ず1以内に収まる．xとyが完全に連動して両者の関係が一次関数になる場合にその絶対値はちょうど1になるが，増減の方向が共通である場合に符号は正で，逆である場合に負である．相関係数の符号が正であるときの両変量の関係を**正の相関**または**順相関**といい，符号が負であるときの関係を**負の相関**または**逆相関**という．相関係数が0であるときの関係を**無相関**という．

　連続的変量に級区分をほどこしてクロス集計表にまとめた場合の例については，表3-9に示した．

表3-9 大学生女性133人の身長と体重の分布

		身　長（単位：cm）					合　計
		145以上150未満	150〜155	155〜160	160〜165	165〜170	
体重（単位：kg）	35以上40未満	1	0	0	0	0	1
	40〜45	4	10	5	2	0	21
	45〜50	1	15	16	6	0	38
	50〜55	0	9	18	20	4	51
	55〜60	0	0	6	6	4	16
	60〜65	0	1	2	1	0	4
	65〜70	0	0	1	1	0	2
合　計		6	35	48	36	8	133

　クロス集計表では表側項目は通常，数値の小さい級ほど上になるように整理する習慣があるから，この表のように度数の多く積もったセルが左上から右下に向けて並んでいるようなケースが，正の相関となる．原データがない場合，表から相関係数を計算するにあたっては，同一セル内のすべての個体が級央値をとっているかのように仮定して計算する．そうして計算した結果，この表については $r = 0.783434$ であった．

一次の回帰式で傾向をとらえる

　散布図を描いてみると，両変量のあいだに完璧な関数関係はなくても，それに近いゆるやかな依存関係が読み取られる場合が多い．そういう場合，不規則に分布している点の群の中央あたりに，かりに単純な関数で表現すればこうだという線を引いてみて，それを両変量のあいだの関係の基本的傾向線と理解することが，しばしば行われる．

　この分析手法を**回帰分析**(regression analysis)と呼び，あてはめる数式を**回帰式**(regression equation)と呼ぶ．最も単純な場合には一次式があてはめられる．回帰式の係数を決定する手法が**最小二乗法**(least square method)である．

　いま図3-3のように散布図があって，回帰式として

$$y = a + bx$$

という一次式を考えたとする．第i被験者について観測された現実の値は(x_i, y_i)であるが，点が回帰式を表現する線の周囲に散らばっている結果，一般に回帰式の右辺にx_iを代入したときの値はy_iそのものにはならず，少しずれた値になる．それを$\hat{y}_i$という記号で表現し，第i被験者についてのyの**回帰値**（正確にはxに対するyの回帰，regression of y on x）と名づける．観測値と回帰値との差$y_i - \hat{y}_i$を**残差**（residual）と呼ぶ．この残差を二乗し，被験者全体について足し上げたものが**残差の二乗和**だが，その値は回帰式の係数しだいで少しずつ変化する．残差の二乗和が最小になるように係数aとbを調節するのが最小二乗法であり，それによって回帰式が最終的に確定する．

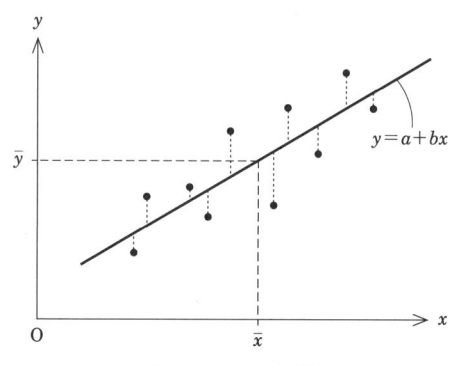

図3-3　最小二乗法

一次式をあてはめた場合，最小二乗法で引いた線（**回帰直線**，regression line）はxとyの平均値を座標とする点$(\bar{x}, \bar{y})$を通ることがわかっている．ただし，同じく一次式であっても，xを独立変数，yを従属変数とする立場で考えた場合と，yを独立変数，xを従属変数とする立場で考えた場合とで，残差を考える方向が違っているので，回帰直線は同じ線にはならないことに注意が必要である．

「残差の二乗和が最小」という条件を満たす定数項aや一次の係数bがどうなるかについて，理論的な考察は面倒なものになるが，結論を紹介しておけば，

回帰式が $y = a + bx$ であるとき

$$b = \frac{\text{Cov}(x, y)}{\text{Var}(x)} \qquad (7)$$

$$a = \bar{y} - b\bar{x} \qquad (8)$$

である．

相関係数と回帰式を計算してみよう

　ここで簡単な数値例を使って，以上で紹介した計算のおさらいをしてみよう．

　まず表3-10のような数値例を考える．10人の被験者について，被験者番号別の変量 x と変量 y の観測値が表の左から2番目と3番目の欄のように与えられているとする．

表3-10　相関係数と回帰式の計算（その1）

i	x_i	y_i	$x_i - \bar{x}$	$y_i - \bar{y}$	$(x_i - \bar{x})^2$	$(y_i - \bar{y})^2$	$(x_i - \bar{x})(y_i - \bar{y})$
1	1	2	-4	-3	16	9	12
2	2	4	-3	-1	9	1	3
3	2	5	-3	0	9	0	0
4	3	5	-2	0	4	0	0
5	5	6	0	1	0	1	0
6	5	4	0	-1	0	1	0
7	6	5	1	0	1	0	0
8	8	7	3	2	9	4	6
9	9	5	4	0	16	0	0
10	9	7	4	2	16	4	8
合　計	50	50	—	—	80	20	29
合計/n	5	5	—	—	8	2	2.9

　ここから分散や共分散を求めるには，まず平均値を求めておかねばならない．そのためには欄内の数値を合計して，それを標本サイズ10で割る．こうして平均値が $\bar{x} = 5$ および $\bar{y} = 5$ と求まったら，それを各観測値から引いて左から4列目と5列目の偏差の欄を計算する．それが完成したらさらにその二乗と，相互のあいだの積とをつぎつぎに計算してゆく．これらの合計を出して標本サイズ10で割ることで，分散が $\text{Var}(x) = 8$，$\text{Var}(y) = 2$ と求められ，共分散が

$\mathrm{Cov}(x, y) = 2.9$ と求められる．

x と y のそれぞれの分散は，平方根が切りのよい数値にはならないが，積の16は平方根が4になるから，相関係数は

$$r(x, y) = \frac{\mathrm{Cov}(x, y)}{\sqrt{\mathrm{Var}(x)\mathrm{Var}(y)}} = \frac{2.9}{\sqrt{8 \times 2}} = \frac{2.9}{4} = 0.725 \qquad (9)$$

と求められる．そして回帰式の一次の係数と定数項は

$$b = \frac{\mathrm{Cov}(x, y)}{\mathrm{Var}(x)} = \frac{2.9}{8} = 0.3625 \qquad (10)$$

$$a = \bar{y} - b\bar{x} = 5 - 0.3625 \times 5 = 3.1875 \qquad (11)$$

と求められる．

このデータの散布図の中に回帰直線を描き込んだのが図3-4である．相関係数が正であるのに対応して回帰直線の傾きも正であり，さほど厳密な関係とはいえないものの，概していえば，一方が増えれば他方も増えるという傾向が両変量間には存在することがわかる．

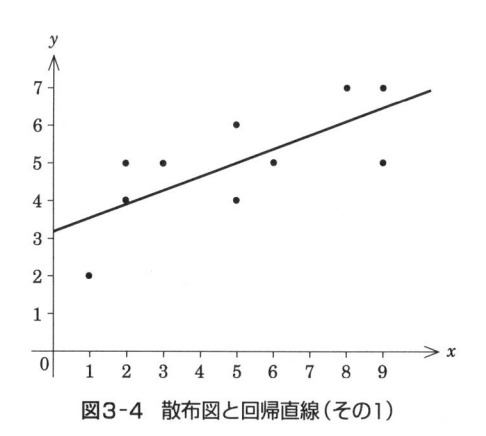

図3-4 散布図と回帰直線（その1）

つぎに，表3-11で与えられている数値例に対して，同じ計算を実行してみると，

$$r(x, y) = -0.7, \quad b = -0.35, \quad a = 6.75$$

表3-11 相関係数と回帰式の計算(その2)

i	x_i	y_i	$x_i-\bar{x}$	$y_i-\bar{y}$	$(x_i-\bar{x})^2$	$(y_i-\bar{y})^2$	$(x_i-\bar{x})(y_i-\bar{y})$
1	1	7	−4	2	16	4	−8
2	2	5	−3	0	9	0	0
3	3	7	−2	2	4	4	−4
4	3	6	−2	1	4	1	−2
5	4	5	−1	0	1	0	0
6	4	4	−1	−1	1	1	1
7	7	5	2	0	4	0	0
8	8	4	3	−1	9	1	−3
9	9	5	4	0	16	0	0
10	9	2	4	−3	16	9	−12
合 計	50	50	—	—	80	20	−28
合計/n	5	5	—	—	8	2	−2.8

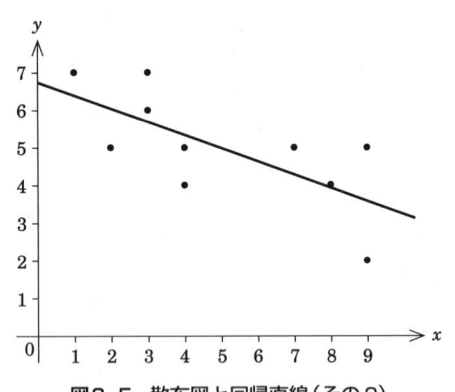

図3-5 散布図と回帰直線(その2)

が得られ，散布図の中に回帰直線を描き込んだものは図3-5のようになる．相関係数が負であるのに対応して回帰直線の傾きも負であり，さほど厳密な関係とはいえないものの，概していえば，一方が増えれば他方は減るという傾向が両変量間には存在することがわかる．

さらに，表3-12で与えられている数値例に対して，同じ計算を実行してみると，

$$r(x, y) = 0.475, \quad b = 0.2375, \quad a = 3.8125$$

表3-12 相関係数と回帰式の計算（その3）

i	x_i	y_i	$x_i-\bar{x}$	$y_i-\bar{y}$	$(x_i-\bar{x})^2$	$(y_i-\bar{y})^2$	$(x_i-\bar{x})(y_i-\bar{y})$
1	1	2	−4	−3	16	9	12
2	2	4	−3	−1	9	1	3
3	2	5	−3	0	9	0	0
4	3	7	−2	2	4	4	−4
5	5	4	0	−1	0	1	0
6	5	6	0	1	0	1	0
7	6	5	1	0	1	0	0
8	8	5	3	0	9	0	0
9	9	7	4	2	16	4	8
10	9	5	4	0	16	0	0
合　計	50	50	—	—	80	20	19
合計/n	5	5	—	—	8	2	1.9

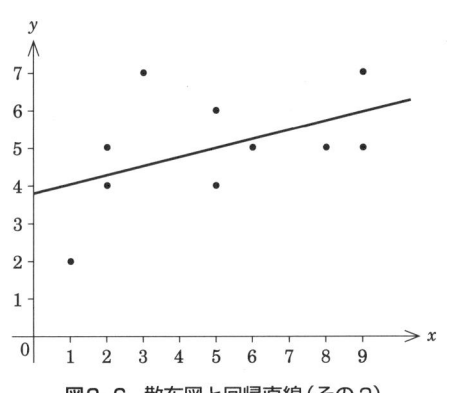

図3-6 散布図と回帰直線（その3）

が得られる．散布図の中に回帰直線を描き込んだものは図3-6のようになる．相関係数は先の第一例と同様に正であり，回帰直線の傾きも正であるが，かなり漠然とした関係である．これで，はたして一方が増えれば他方も増えると主張してよいかどうかは，かなり微妙である．このように，相関係数の符号が正か負かだけでなく，その絶対値がどれほどであるかを調べないと，両変量間に確たる関係があるかどうかについて，結論は下せないのである．

あてはまりのよさを表現する決定係数

回帰式の「あてはまりのよさ」を表現する指標として，いいかえれば，回帰式が現象をどの程度よく説明しているかを判定するための指標として，決定係数というものが定義されている．それはつぎのようなものだ．

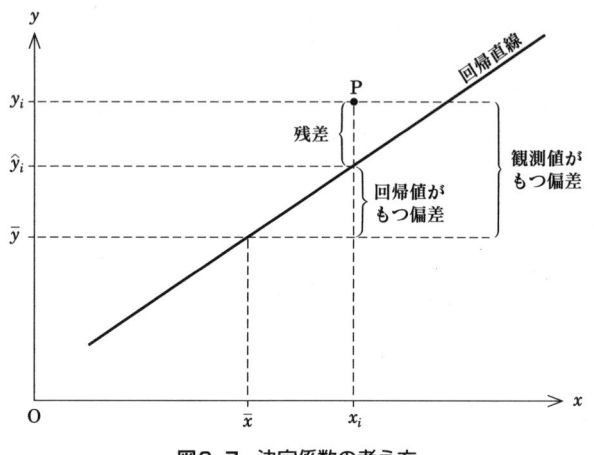

図3-7 決定係数の考え方

y を x で説明するという立場で回帰式を立てた場合について話すが（図3-7），説明されるべき y の個々の観測値は，当然平均値 $\bar{y}$ からの偏差をもっている．この偏差 $y_i - \bar{y}$ の二乗を被験者全体について足し上げたものを**全変動**と名づけ S_T で表す．同じ被験者についての回帰値 $\hat{y}_i$ も，平均値 $\bar{y}$ からは一般に隔たっており，偏差がある．この偏差 $\hat{y}_i - \bar{y}$ の二乗を被験者全体について足し上げたものを**回帰の変動**と名づけて S_R で表す．最後に残差 $y_i - \hat{y}_i$ の二乗を被験者全体について足し上げたものを**残差の変動**と名づけて S_E で表す．

すると，これら三者はすべて非負の値をもち，それらのあいだには

$$S_T = S_R + S_E \tag{12}$$

という簡単な関係が成り立つことが証明できる（この関係は，図3-7のように観測値が回帰値をはさんで $\bar{y}$ と逆の側に出ているケースだけを考えると，二乗する前の一乗のレベルで自明なことのように一見思えるが，観測値が $\bar{y}$ と同じ

側に出ているケースをも考えれば，けっして自明ではない．観測値が回帰直線の両側に出ているケースをひっくるめて，全体で二乗和についてはこうなるのである）．

そこで，

$$R^2 = \frac{S_R}{S_T} \tag{13}$$

という指標を定義すると，これは必ず0と1のあいだの値になる．回帰値がすべて観測値と一致して残差がないというケースにおいて1，回帰値がつねに $\bar{y}$ に一致し，観測値のもつ偏差はそのまま残差になってしまうというケースにおいて0である．前者は回帰式が完全に現象を説明しつくしているケース，後者は回帰式を立ててはみたものの，何ら説明力のある式は得られなかったというケースだと考えられる．したがって，これが回帰式の説明力の指標だと考えられるわけである．これを**決定係数**(coefficient of determination)と呼ぶ．

この決定係数は，相関係数とはまったく別の発想法に立って導入されている指標であるが，おもしろいことに，回帰式が一次式であるケースにかぎっては，相関係数の二乗に一致することが知られている[1]．したがって，一次の回帰式を立てた統計分析にかぎっていえば，相関係数がすでに計算されていれば，決定係数はそれを二乗するだけで求められる．

ただし，決定係数を表す R^2 という記号自体は，何かの二乗という意味ではなく，ひとまとまりの記号として最初から2をつけて表現しているものである．決定係数を平方根に開いた数値を独立に取り出して，指数2を除いた R で表現するということも，通常はしないことになっている．非負の値のみをとる指標にこの種の記号が割り当てられている例は，統計学ではほかにもある．

---

1) 回帰式が二次式その他の曲線になる場合や，後に述べる重回帰分析の場合でも，決定係数はある種の相関係数とのあいだでつながりを保っている．観測値 y_i と回帰値 $\hat{y}_i$ との相関係数を $r(y, \hat{y})$ としたとき，R^2 はそれの二乗に必ず一致するからである．

なまじ信仰心のある人は始末が悪い

話は少し脱線するが，日本語の「なまじ」という言葉はまことに簡潔にしてみごとな言葉だと思う．これを使うことで，微妙なニュアンスのことがじつにうまく表現できる．

急にこんな話題を出したのは，社会心理学の方面で「なまじ信仰心のある人は偏見が強い」という有名な観察結果があるからだ．

世の中には自分の考える価値基準や道徳規範にそぐわない人をみると，すぐにさげすんだりけなしたりする「偏見の強い人」というものがいるものだが，宗教というものはそういう偏見を強める方向に作用するのか，それとも弱める方向に作用するのかについて，先験的には何とも言えない．時代によって違うとか，地域によって違うとか，いろいろな見解がありうるだろうが，アメリカで実地に観察され，学術的に報告されたところによると，本人自身の宗教への関与度の強さによって違うという興味深い事実が指摘されている（金児暁嗣「現代人の宗教意識」大村英昭・西山茂編『現代人の宗教』所収，有斐閣，1988年，111ページ）．

その調査では，教会への出席率と偏見の強さとの関係が調査されたのだが，教会にほとんど行かない人は偏見があまりなく，ある程度教会に出席する層では偏見が強くなり，欠かさず出席している篤信者の層において再び偏見が弱くなるという関係が見いだされた．

なるほど，宗教にあまりこだわらないリベラルな人は偏見が少ないというのはうなずけるところだし，牧師さんの教えを本気で熱心に聴聞しているような人は，「自分がちょっとばかり道徳的になったからといって他人をさげすむような『驕り高ぶり』こそが最もまちがったことだ」という宗教精神の核心を体得している可能性が高い．いちばん始末に負えないのは「なまじ信仰心のある（と自分で思い込んでいる）」人だろう．

この例にあるように，ある変量と別の変量とのあいだに関係があるといっても，数学でいう増加関数の関係か減少関数の関係かどちらか一方になるとはかぎらず，「あるレベルまでは増加関数で，そこからあとでは減少関数に転じる」

表3-13　クロス集計表の設例1

y \ x	1	2	3	4	5	6	合計
6	0	0	3	13	26	78	120
5	0	5	25	45	58	54	187
4	6	13	45	88	65	19	236
3	17	85	72	26	21	3	224
2	45	45	36	5	6	0	137
1	91	5	0	0	0	0	96
合計(級度数)	159	153	181	177	176	154	1,000

表3-14　クロス集計表の設例2

y \ x	1	2	3	4	5	6	合計
6	90	4	0	0	0	0	94
5	54	41	33	6	5	0	139
4	14	86	73	28	19	4	224
3	6	12	46	90	66	16	236
2	0	3	18	38	68	54	181
1	0	0	2	12	27	85	126
合計(級度数)	164	146	172	174	185	159	1,000

といった複雑な関係になる場合もあるのだ．

ところで先に紹介した決定係数は，回帰式として二次式その他の曲線的な式を仮定した場合にも定義できる指標であり，二次式なら二次式が，三次式なら三次式が，それぞれどの程度よくデータにあてはまっているかを的確に表現してくれる．その決定係数が，回帰式として一次式を仮定した特殊ケースにおいて相関係数の二乗に一致するということは，逆にいえば，相関係数は関係の強さ一般を表現する指標ではなく，「直線的な関係」という限定の範囲内での，関係の強さを表現する指標だということである．

そこで，「相関係数で表現されるような意味での相関はあまりないが，関係は大いにある」というケースを，いろいろと考えることができる．

表3-15 クロス集計表の設例3

y \ x	1	2	3	4	5	6	合 計
6	0	2	32	88	12	0	134
5	3	17	78	56	19	5	178
4	12	26	25	27	65	19	174
3	26	62	8	15	41	77	229
2	58	28	2	5	6	65	164
1	78	5	0	0	3	35	121
合 計 (級度数)	177	140	145	191	146	201	1,000

表3-16 クロス集計表の設例4

y \ x	1	2	3	4	5	6	合 計
6	0	85	0	5	0	58	148
5	0	57	0	14	0	46	117
4	3	26	23	53	0	38	143
3	21	0	43	68	18	13	163
2	55	0	45	38	85	0	223
1	86	0	61	0	59	0	206
合 計 (級度数)	165	168	172	178	162	155	1,000

　そうしたことをより深く理解するために，表3-13から表3-16までにクロス集計表で表現された二変量間のいろいろな関係を例示してみた．通常，表側項目の数値は小さいものほど上になるように書くものであるが，ここではグラフ表示との対照の便を考えて，大きい数値を上にしてある．これらの表の体裁は，一応はxとyが対等な6行6列の表であるが，以後の考察にあたっては「xによってyが説明される」という方向で読み取っていただきたい．

　設例1と設例2においては，それぞれ増加と減少の直線的な関係があることを読み取ることができる．これに対して設例3では，xの増加につれてyが最初は増加傾向にあり，後半では減少に転じている．明らかに関係はあるのだが，曲線的な関係である．二次関数をあてはめたらある程度は説明がつきそうであ

る．最後の設例4では，y が x に依存しているということだけは明瞭に言えるのだが，二次関数とか三次関数とかいう簡単な関係ではないので，「どういう関係？」と問われたら多くの人は戸惑ってしまうだろう．こういう場合の「関係の強さ」を測る目安になる指標はあるのだろうか？

相関比という考え方

　これらの表を読むにあたっては，x の値によって識別される6つの級があり，級ごとに y の値の分布のありさま(列ごとの度数分布)が違っているのだと理解するとよい．

　まず，級の別を捨象して，全体として y の値がどう分布しているかを考えると，その情報は右の欄外(右端の一列)の周辺分布に現れているが，そこから y の平均値を知ることができるし，個々の個体がその平均値の周囲にどれだけの偏差をもって分布しているかも知ることができる．それらの偏差の二乗和を求めたものを**全変動**と名づけて S_T で表す．

　つぎに，各級にはその級ごとの y の値の平均値というものがある．いまかりに級内の全個体が級平均に一致する y の値をもっている場合を(仮想的に)想定してみる．その場合でも，それらの値は全体の y の平均値からみれば偏差をもった値になっているはずなので，その偏差の二乗和を求め，それを**級間変動**と名づけて S_B で表す．

　実際には各級に属する個体のもつ y の値はばらついており，級平均の上下に，それぞれの偏差をもって分布している．その偏差の二乗和を作り，それをさらに6つの級について足し上げたものを**級内変動**と名づけて S_W で表す．

　すると，これら三者はすべて非負の値をもち，それらのあいだには

$$S_T = S_B + S_W \tag{14}$$

という簡単な関係が成り立つことが証明できる．

　そこで，

$$\eta^2 = \frac{S_B}{S_T} \tag{15}$$

という指標を定義すると，これは必ず0と1のあいだの値になる．もし各級内の個体のもつ値はすべて級平均のところに集中していて，ただ級平均そのものが全体の平均からみると各級ごとに異なる値をとっているだけという極端なケースがあると，その場合にはこの指標の値は1になる．また，級平均はすべて全体の平均に一致してしまっていて，級内変動は全体の変動とまったく同じものになるという極端なケースがあると，その場合にはこの指標の値は0になる．前者の場合は，個体のもつ変動がすべてその属する級の影響で説明できるという場合である．後者の場合は，個体のもつ変動には級の影響はまったくみられないという場合である．そこで，この指標を，級の別(変量xの値の別)が個体のもつ値(変量y)に与える影響の大きさを測る一般的尺度にしようという考えが生まれてきた．

　この考え方が回帰分析における決定係数の考え方と酷似しているのは，見やすいところであろう．回帰分析での回帰の変動に相当するものがこの場合には級間変動になっており，回帰分析での残差の変動に相当するものがこの場合には級内変動になっている．とどのつまり回帰値の代わりに級平均を使っているという点だけが違うのである．

　先にも述べたように決定係数は回帰式が一次式のときには相関係数の二乗に一致するという意味で，相関係数の二乗と類縁関係がある．そして，上で導いた指標η^2はもし級平均と回帰値が同じであれば決定係数に一致するという意味で，決定係数と類縁関係がある．つまり，類似性の連鎖は

$$r^2 \approx R^2 \approx \eta^2 \tag{16}$$

となっている．そこで，右の指標η^2を平方根に開いたものを**相関比**(correlation ratio)と名づけ，yがxにいかほど依存しているかを測る一般的指標とする考え方がある(決定係数については，それを平方根に開いた数値を独立に取り出して，指数2を除いたRで表現するということはあまり行われないが，相

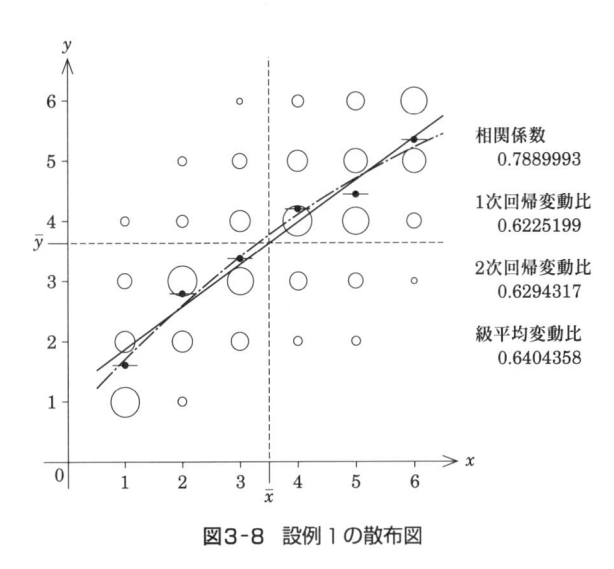

図3-8 設例1の散布図

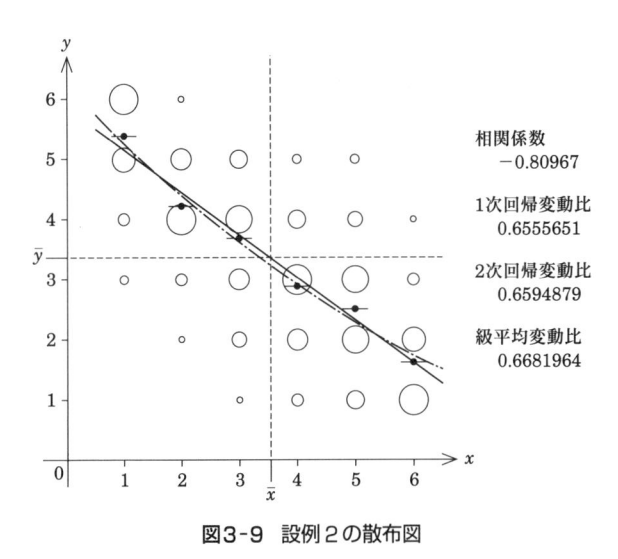

相関係数
0.7889993

1次回帰変動比
0.6225199

2次回帰変動比
0.6294317

級平均変動比
0.6404358

図3-9 設例2の散布図

相関係数
−0.80967

1次回帰変動比
0.6555651

2次回帰変動比
0.6594879

級平均変動比
0.6681964

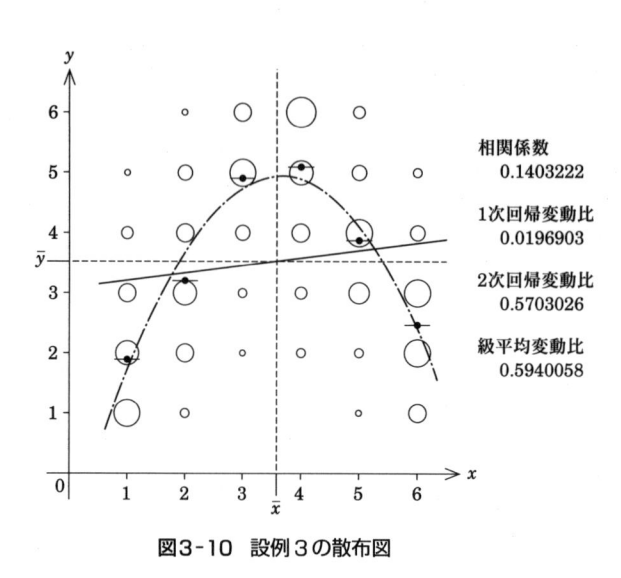

図3-10　設例3の散布図

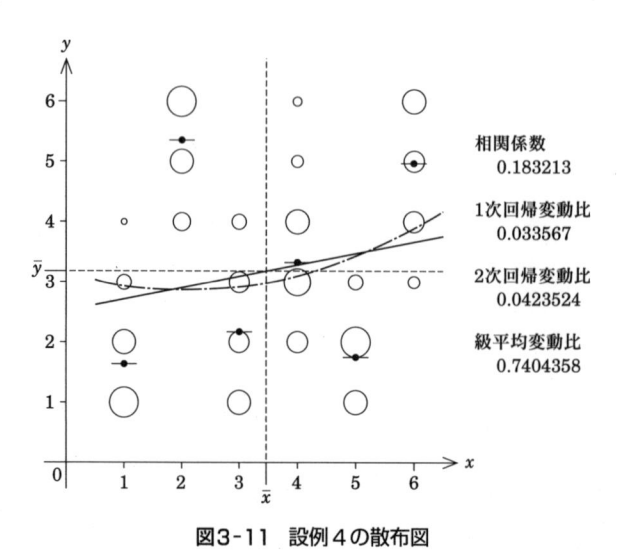

相関係数
0.1403222

1次回帰変動比
0.0196903

2次回帰変動比
0.5703026

級平均変動比
0.5940058

図3-11　設例4の散布図

相関係数
0.183213

1次回帰変動比
0.033567

2次回帰変動比
0.0423524

級平均変動比
0.7404358

関比の場合は，これを相関係数rの一般化とみなして，η^2の平方根をηで呼ぶことがしばしば行われている).

図3-8～図3-11は，先のクロス集計表で示された4種の設例を散布図に表現し直し，その中に回帰分析であてはめた一次式と二次式のグラフを描き加え，さらに級平均の位置をも示したものである．ただし変量が離散的で，同じセルに入っている個体が多い結果，図にすると同じ格子点に多くの度数が積もってしまい，度数1を点1個に対応させる通常の散布図の作図法はここでは通用しない．そのため，度数が円の面積に対応するようにして，格子点を中心にして大きさの異なる円を描くことにした．

図の中に実線で示したものが一次の回帰式のグラフである．鎖線で示したものが二次の回帰式のグラフである．黒丸に横棒をつけた土星型の記号は級平均の位置を示している．

変動比と書いたのはR^2やη^2のことを指しているが，「回帰値または級平均が全体の変動のうちどれだけの割合を説明しているか」の指標であるという意味で，そう書いている．

設例1と設例2では，級平均そのものが最初から直線に近いかたちに並んでおり，級平均を結んだ線と一次の回帰式のグラフとのあいだには大きな隔たりはない．二次式をあてはめてみても，二次の項が独自の役割を果たす余地があまりなくて，一次式の場合とあまり変わらない結果になる．こうした場合，相関係数の絶対値も高いと同時に，他のいろいろな手法で測った変動比も高い値をとり，いずれにしても「関係はある」という結論になる．

設例3では，級平均を結んだ線は一次の回帰式のグラフとは大きく隔たっている．しかし二次の回帰式のグラフとはかなり近い関係にあり，その結果，二次回帰の変動比と級平均の変動比とは近い値になっている．これらの指標の値が大きいことから「yがxに依存する関係は大いにある」と結論できる．しかし，一次の回帰式のあてはまりはきわめて悪く，xとyのあいだに直線的な関係はほとんど存在しない．その意味で相関係数の絶対値は小さいのである．

設例4では，yの分布は，属する級(すなわちxの値の別)に応じてその平均

値が大幅に異なり，しかも，それぞれの級内では級平均の周辺にかなり明瞭に密集している．その意味で，となりどうしの級のあいだで分布を比較してみると，相違のあることが一目瞭然である．しかし，一次や二次の回帰式はうまくあてはまらず，それらの回帰の変動比は小さい．当然ながら相関係数の絶対値もまた小さい．この場合，y が x に依存しているという事実を忠実に反映しえているのは，級平均の変動比だけということになる．

相関比を計算してみよう

以上，表3-13〜表3-16のデータを加工し，分析してみせた計算の手順は相当に複雑であるから，初学者は自力でこんなものを計算できる必要はない．

ただ，考え方になじむために，相関比についてだけは，より平易な数値例を設けて，おさらいをしておくことにしよう．

いま，表3-17のようなデータがあるとする．変量 x の値の別によって5つの級があり，それぞれの級に属する個体が10個ずつあることにしてある（級に属する個体の数が級ごとに異なるケースでも分析はさほどむずかしくはないのだが，ここでは話をなるべく簡単にするために，同数としてある）．その具体的な観測値が「y の観測値」として各列に10個ずつ示してある．全体として標本サイズは50である．与えられた数値はここまでだとして，それを加工して相関比を算出するのである．

まず各列の数値の合計を算出して，列の下に記入する．それを各列に属する個体の数（この場合はすべて10）で割って，y の級平均を求める．同時に，合計の段の右に合計の合計を350と算出し，それを標本サイズで割って，y の標本平均 $\bar{y}$ を求める．

標本平均 $\bar{y}$ がわかったことで，級平均のもつ標本平均からの偏差が計算できるので，それを級平均の下の段に書き込む．そのうえで，級内の全個体がかりに級平均の値をもっていたならその級の個体全体のもつ偏差の二乗和はいくらになるかを算出するのだが，これは「個体数×級平均のもつ偏差の二乗」として計算できるので，これを下の段に書き込む．これを横に合計したものが級間

表3-17 相関比の計算

x の級別	$x(1)$	$x(2)$	$x(3)$	$x(4)$	$x(5)$	
y の観測値	2	9	6	2	7	
	5	2	14	4	12	
	8	11	11	5	5	
	5	4	9	5	14	
	3	8	10	6	9	
	7	6	11	4	6	
	6	5	6	5	5	
	4	2	12	7	11	
	3	10	9	5	8	
	7	3	12	7	13	
合　計	50	60	100	50	90	350
級 平 均	5	6	10	5	9	$\bar{y}=7$
級平均のもつ偏差	-2	-1	3	-2	2	
個体数×(偏差)^2	40	10	90	40	40	$S_B=220$
$(y-\bar{y})^2$	25	4	1	25	0	
	4	25	49	9	25	
	1	16	16	4	4	
	4	9	4	4	49	$\eta^2=0.41045$
	16	1	9	1	4	$\eta=0.64066$
	0	1	16	9	1	
	1	4	1	4	4	
	9	25	25	0	16	
	16	9	4	4	1	
	0	16	25	0	36	
合　計	76	110	150	60	140	$S_T=536$

変動であり，このデータの場合 $S_B=220$ となる．

　ここでいったん表を仕切ったら，その下には，上に与えられている y の観測値50個に対応させて，それぞれの観測値から標本平均 $\bar{y}$ を引いて二乗した値を書き込む．その下に級ごとのこの値の合計を求め，それをさらに横に合計すれば，全変動が求まる．このデータの場合 $S_T=536$ である．

　以上で求めた S_B と S_T のあいだで割り算を実行すれば $\eta^2=0.41045$ が求められ，それを平方根に開いた $\eta=0.64066$ が相関比ということになる．

　この例の場合，各級内の y の値は，各級の級平均の周囲にかなりまとまりよく集中しているので，全体として y の値は級の別に相当に依存していると結論できるのである．

血液型占いの真偽を確かめるには

ここでひとつ注目すべきことがある．表3-17の場合，xについては何ら特定の数値は仮定せず，たんに$x(1)$から$x(5)$までの5種類の数値があって，それに応じて級が分かれていると仮定したにすぎなかったということである[2]．にもかかわらず，η^2やその平方根であるηを算出することはできた．

だから，xに関するかぎりその数値は「あい異なる5個の数値」でありさえすれば何でもよいのであり，その序列を入れ替えてしまっても，相関比の計算は影響を受けないのである．これはじつは先の表3-13～表3-16の場合も同様だったのであり，そこで与えられた1から6までというxの値は，相関比の計算に関連するかぎりでは，別のどんな値でもかまわなかったのである．その大小関係さえ，どうでもよかったのである．回帰値を用いて算出されるR^2の場合はそうはいかない．変量xの値や配列が変われば回帰式も変わるので，決定係数も変わる．その意味で，回帰分析はあくまでxが量的な変量であることを前提とした分析である．これに対して相関比の計算においてはxが量的な変量であることは前提とされておらず，血液型，居住地域，信じる宗教の別といった，順番をつけて並べることがもともと無意味であるような変量をxとすることが許される．yのほうは平均値を論ずる関係上，量的なものでなければならないが，被験者が属する集団の別によって，yという量的な変量のとる値が影響されるか否かという問題一般に対して，この手法は有効なのである．

---

[2] この例のような場合，「5つの異なる母集団からそれぞれ1個ずつの標本がとられて，大きさ10の標本が5個ある」というふうに記述している統計学書も多い．これを「大きさ50の標本の中が変量xの値によって識別される5つの級に分かれている」と解釈するか，前者のように解釈するかは，記述する際の観点の相違にすぎず，どちらの解釈を採っても分析そのものが変わることはない．このことは，Part 5の最後に出てくる新薬治験の問題の場合も同じである．治験群と対照群を異なる母集団と解するか，それとも同一疾患の患者集団という母集団の中の，属性による区分であると解するかは，どちらでもよい．

たとえば,「血液型によって人の性格に違いがある」という学説(?)は世間でけっこう好まれているが,あれが本当に真であるか否かを確かめたかったら,この手法を応用して検討することができる.ABO式の血液型だけを異にしてあとの基本的属性は同一であるような(たとえば「中学三年の女子生徒」というような)4グループをとってきて,さまざまな心理テストを課し,級平均とその上下への個々の個体のばらつきぐあいを調べ,相関比を計算すればよいのである.相関比が0に近ければ,血液型はほとんど性格に影響していないという推論が正当化されることになる.

ただ,かりに血液型が性格に影響を与える客観法則は何もないとしても,相関比が完全に0になることはなく,多少はもっともらしい正の値になるのが普通であろう.というのは,こういう調査では必ず,調査が全数調査ではなく標本調査であることによる偶然的なぶれがあるからである.では,どのくらい0に近い場合に「法則的な影響関係はなくて,生じている相関比は偶然的なものにすぎない」と判定してよいのだろうか?

この問題はかなりむずかしい推測統計の問題になり,本書のレベルを超えるが,それを分析する手法は**分散分析**(analysis of variance)と呼ばれ,現代の統計学の中で重要な手法のひとつとなっている.したがって読者は,分散分析という言葉を目にした場合には,全体をすぐには理解できなくても,要するにこの変動比の分析の発展形態なのだと受け止めて,その言わんとするところを汲み取っていただきたい.

低学歴層ほど保守的?

さて,先に「昇進」に関連して,統計的情報の中には,クロス集計表を眺めて初めて得られる情報というのがあり,それは,個々の変量についての度数分布をいくら詳細に眺めても,出てはこない性格のものであるということを強調した.

ところが,さらに一歩を進めて考えると,三変量が関与している現象の中には,二変量間のクロス集計をいくら眺めても,それだけでは見えてこない関係

表3-18 年齢と保守性のクロス集計表

保守性 年齢	弱	中	強	合計
低	80	10	10	100
中	10	70	20	100
高	0	20	80	100
合計	90	100	110	300

表3-19 学歴と保守性のクロス集計表

保守性 学歴	弱	中	強	合計
低	47	72	91	210
高	43	28	19	90
合計	90	100	110	300

も含まれている．それを分析するためには三変量を全体として取り上げる三重クロス集計表が不可欠なのであるが，こういう事情は案外一般社会では認識されていない．その証拠に，社会調査なるものの多くは，単純集計のあとに二変量間のクロス集計をいくつか報告し，それによってものごとのあいだの影響関係を検出しえたと考えて，事足れりとしている．

そうした推論の中には，ときとして疑問に思えるケースが出てくる．その典型は，意識調査における被験者の意見の進歩性・保守性を，学歴や年齢とのクロス集計で論じている調査報告書などにみられる．

たとえばいま，年齢階層を低年齢，中年齢，高年齢の三階層に分け，学歴を低学歴と高学歴の二階層に分けてある調査で，何らかのテーマについての意見や好みの保守性の強さを測って，表3-18と表3-19のようなクロス集計表が得られたとする．これらの表から「高年齢層ほど保守的であると同時に，低学歴層ほど保守的だ」と結論することは一般的に正しいと言えるであろうか？

じつは必ずしもそうは言えないのである．

図3-12は，これらのクロス集計表と整合的という条件下でのありうる三重

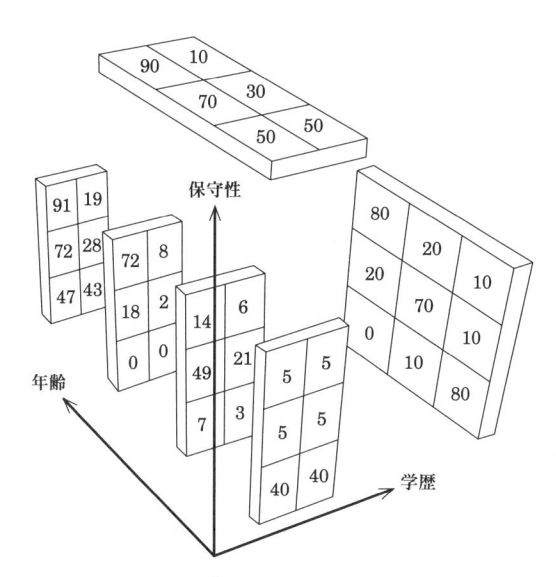

図3-12 年齢と学歴と保守性とのあいだの3次元構造

クロス集計表の一例を立体図で示したものだが、これを子細に眺めると、学歴はそれ自体としては保守性に影響していないという例になっている。

高学歴層だってお年寄りは歌謡曲が好き

「保守性」にも具体的なイメージがあったほうが話が親しみやすくなるので、これは流行歌の好みについての調査なのだと仮定してみよう。よく知られているように、個々人の流行歌への好みというのは、10代後半から20代前半の多感な時期にどういう歌に接したかによってほとんど決まってしまうもので、その後の修正は効きにくいものだ。現代日本の場合でいうと、1930年前後生まれの世代では古賀メロディーなど伝統的歌謡曲を愛好する者が多く、1950年前後生まれになると「神田川」や「なごり雪」のような70年代フォークと呼ばれる音楽の愛好者が多くなり、1970年前後生まれの世代になるとTRFや安室奈美恵などの歌う小室サウンドあたりが好みの中心になる。

「保守性」の程度はこれら三種のジャンルの流行歌のうちどれを好むかで測られていると想定してみよう。年齢階層別にみて、低年齢世代は圧倒的に「小

室サウンド」，中年齢世代は圧倒的に「70年代フォーク」，高年齢世代は圧倒的に「古賀メロディー」に好みが集中しており，そのようすが右端のパネルに示されている．このパネルは三変量の同時分布を学歴軸方向に集計して，学歴の相違による効果を捨象した結果の表であり，表3-18と同じものである．

つぎに，天井のパネルは保守性の相違を捨象して，年齢と学歴との関係だけをみたものだが，ここ数十年のあいだに急速に高学歴化が進んだわが国の歴史を反映して，高学歴者の占める割合が高年齢層では10％，中年齢層で30％，低年齢層で50％という大きな相違があると想定してある．

そして手前から平行して立ててある三枚のパネルに示されているのが三変量を同時に考慮した同時分布だが，その内訳はすべて，右側のパネルにある年齢階層別にみた歌への好みの相対度数分布を忠実に反映したものになっていると想定してある．つまり，低年齢層では「小室サウンド」「70年代フォーク」「古賀メロディー」への好みの分布が全体として8：1：1であるのを反映して，学歴の別にかかわりなく，同時分布の中にも同じ比率が出現しているものと想定してある．中年齢層ではそれら三者への好みの分布が全体として1：7：2であるのを反映して，学歴の別にかかわりなく，同時分布の中にも同じ比率が出現しているものと想定してある．高年齢層では同じく0：2：8という比率が，学歴の別にかかわりなく出現するものと想定してある．

にもかかわらず，これら三枚を集計したいちばん奥のパネル（表3-19と同じもの）では，低学歴層の好みは古い歌のほうに偏り，高学歴層の好みは新しい歌のほうに偏るという結果になっている．それは，低学歴層の中には年齢の高い人が相対的に多く，高学歴層の中には年齢の低い人が相対的に多いという事実（天井のパネルからわかる）を介して，年齢の効果が学歴に裏から忍び込んで，いわば「込み」になって入ってきてしまっているからなのだ．この場合の「低学歴層ほど保守的」という命題はじつは「高年齢層ほど保守的」ということのいいかえにすぎなくて，独立した命題としての意義はもっていないのである．高学歴層だってお年寄りは同年輩の低学歴の人と同様の比率で歌謡曲が好きなのであって，高学歴だから特に進歩的ということはないのだ．そのことは，年

齢階層を同一階層ごとに切り分けて検討してみればわかることだが(そうすることを，年齢という変量を「制御する(コントロールする)」と表現する)，それをしないで集計結果である奥のパネルだけを観察すると，判断の誤りが起こるのである．

みかけの相関に要注意

　この場合の学歴と保守性のあいだの関係のようなものを「みかけの相関」という．三個以上の変量がからまりあっているときには，そのうち二個のあいだにこうした「みかけの相関」が生じることがある．それに引きずられて判断を誤らないためには，変量二個ずつを取り出して相関をみるという初歩的なレベルを超えて，より高度な統計手法を身につけなければならなくなる．

　ただ，変量が連続的変量である場合には，三個の変量があっても比較的わかりやすい手法が使える．

　その場合，観測値の集まりは三つの変量を座標軸にとった三次元空間の中の点の群になるはずである．いま，その空間の中で，年齢と学歴のとる値に依存して保守性の度合いが決まるというモデルを考えるなら，それはこの空間の中の曲面または平面をグラフとしてもつような二変数関数として把握される．もちろん，現実の世界で観測されるデータは偶然的な変動を含むから，あてはめた曲面や平面と観測値を表現する点とのあいだにはずれが生じるが，そのずれ(つまり残差)が比較的小さいならば，数式で与えたモデルがいちおう現象を説明していると考えることができる．これは要するに回帰分析の一種である．独立変数に相当する変量を複数考えるこのような回帰分析は**重回帰分析**(multiple regression analysis)と呼ばれる．一変数の回帰分析(**単回帰分析**，simple regression analysis)と同様，この場合にも決定係数によってモデルのあてはまりのよさを判断することができる．

　さて，その重回帰分析で，うまくある関数があてはまったとする．その関数において，学歴がそれ自体としては保守性に影響を与えないということは，その立体グラフの，年齢を一定に保ったときの切り口が，ほぼ水平だという意味

である．一方，年齢が保守性に強く影響するということは，その立体グラフが，どの学歴層で切ってみても，年齢の増加とともに保守性が増す増加関数になっているということである．そういう性質をもった関数で，最も簡単なものは，図3-13に示すような平面である．こうした平面の上で，さらに図に示した楕円のあたりに観測値が集中しているという特殊ケースが，いま問題にしているようなケースとなるのである．

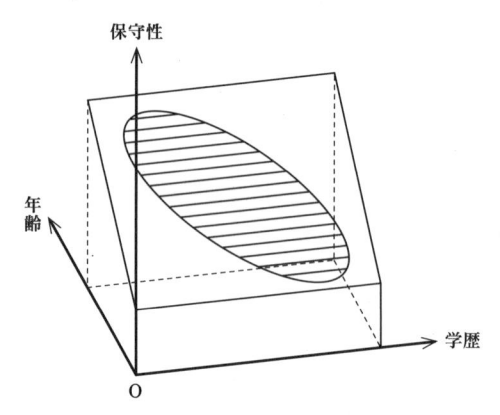

図3-13　連続的変量に置き換えてとらえた年齢・学歴・保守性の関係

こういう場合，年齢を一定に保ったときの楕円の切り口は水平であるにもかかわらず，年齢軸を奥行きとするような真正面から眺めた楕円全体の像は，左上がりに見える．そのため，年齢を度外視して学歴だけを独立変数とする単回帰モデルを立てて分析すると，学歴が低いほど保守性が強いという負の傾きをもった数式が，比較的小さな残差で，もっともらしくあてはまってしまうことになる．

このような**みかけの相関**（spurious correlation）が誤りであることを検出するには，いろいろな手法がある．単回帰モデルを重回帰モデルに切り替え，年齢というもうひとつの変量を右辺に追加したときに，学歴につく係数の絶対値が急激に小さくなり，ゼロに近くなるならば，もとの関係はみかけの相関であった可能性が高いというのも，ひとつの見方である．そのほかに**偏相関係数**

(partial correlation coefficient)という指標を計算する手法もある．それは，従属変数である保守性という変数のもつ値のうち，年齢の効果だけでは説明できない残差の部分を，学歴が独自にどれほど説明しえているかの指標なのだが，その厳密な定義や計算式は面倒になるので，ここでは説明を控えておこう．

いずれにせよ，統計の手法というのはこんなふうにして，誤りの起こりやすい状況に直面するごとに，錯綜した関係をよりよく解きほぐせる方向へと発展してきたのである．

【練習問題】

1. ——「祈って，願いが叶った」ケースと「祈らなくて，願いが叶わなかった」ケースの合計が50％を超えているにもかかわらず，統計学的にみれば「祈ったか祈らなかったか」と「願いが叶ったか叶わなかったか」は独立であるというケースの，クロス集計表の例を作りなさい．
2. ——ある社会について「外で働いている女性の半数以上は既婚者だ」という叙述が真であっても，「既婚女性の半数以上が外で働いている」かどうかは不確定である．前者は真だが後者は偽という数値例を作りなさい．
3. ——10人の被験者集団について観測された変量xと変量yの値が表のようであるとき，

i	x_i	y_i
1	2	7
2	2	8
3	3	5
4	4	7
5	5	5
6	6	3
7	8	6
8	9	4
9	10	2
10	11	3

（1） データの散布図を描き，両変量間の相関係数（小数第3位まで）を求めなさい．
（2） 最小二乗法による回帰式$y = a + bx$の係数aとb（小数第2位まで），および決定係数R^2（小数第3位まで）を求めなさい．

(3) 散布図の中に回帰直線を描き込みなさい．

4. ──前問と同じ作業をつぎのデータについても実行しなさい．

i	x_i	y_i
1	2	2
2	2	5
3	3	3
4	4	5
5	5	3
6	6	7
7	8	6
8	9	4
9	10	8
10	11	7

5. ──変量 x の値の別によって5つの級があり，それぞれの級に属する個体が10個ずつあって，それらの個体の変量 y の観測値が表に示すように与えられている．y の x への依存性の指標としての相関比を計算しなさい（小数第3位まで）．

x の級別	$x(1)$	$x(2)$	$x(3)$	$x(4)$	$x(5)$
y の観測値	4	9	6	2	6
	8	1	13	4	2
	9	11	11	5	4
	6	4	9	10	3
	11	8	6	6	8
	8	7	10	4	5
	7	5	6	8	4
	10	2	8	9	10
	4	10	9	5	7
	13	3	12	7	11

6. ──前問と同じ作業をつぎのデータについても実行しなさい．

x の級別	$x(1)$	$x(2)$	$x(3)$	$x(4)$	$x(5)$
y の観測値	3	11	7	4	4
	7	3	14	6	2
	6	13	12	7	3
	5	6	10	12	2
	4	10	7	8	7
	7	9	11	6	5
	2	7	7	10	3
	9	4	9	11	8
	3	12	10	7	5
	4	5	13	9	1

7. ——変量 x と変量 y とは無相関であるが独立ではないという数値例を，6行6列のクロス集計表で5例，示しなさい．

Part 4

標本統計量の確率分布

推測統計学の課題

　さて，前章までの議論は基本的に記述統計学の立場の議論であった．

　そこでは，与えられたデータはとりあえずそれ自体で完結したものとみなして分析するので，たとえば表3-4のような2行2列のクロス集計表において，二変量が互いに独立であるか否かを論じるには，$a:b=c:d$ という比が成立するか否かを基準とする以外になかった．

　しかし，とられたデータはあくまで標本からのものであって，母集団全体についてのものではないことを勘案するとき，この種の問題にはもう少し別の論じ方が必要であることがわかってくる．現に，$a:b=c:d$ という比が完全に成り立ってはいなくても，わずかなずれの場合には実質的には二つの変量は独立とみてよいだろうという憶測を，われわれは日常生活のうえでしばしば用いている．つまり，無意識のうちにも標本誤差ということを常識として身につけているのだ．

　ただ，どの程度のずれならば「実質的には独立」という判断を下してよいのか，逆にいえば，どの程度のずれがあったときに「確かに依存関係がある」と判定してよいのかは，厳密に定量的に論じようとすれば，むずかしい問題になる．そういう問題に系統的な答えを提供するのが，推測統計学の課題である．

特性値の二つの意味

　Part 2では，平均値や標準偏差を分布の特性値として，つまり分布の特徴を簡潔に表示するための指標として，紹介した．それはそれでまちがいではないのだが，標本から計算された平均値(標本平均)や同じく標本から計算された標準偏差(標本標準偏差)には，じつはそれとは別のもうひとつの意味がある．このことが推測統計全体を理解するためのキーポイントになるので，読者はぜひ注意して読んでいただきたい．

　およそ標本の中に取り出された個々の個体(被験者)について観測された値というのは，変量のとりうる値のうちのどれかが実現したものであるから，被験者ごとにさまざまな値をとる．そこで，変量 x について第 i 被験者がとる値を

x_iとすると，大きさnの標本においては，x_1からx_nまでのn個の「標本観測値」の組があることになる．このx_1からx_nまでに何かしら決まった手順で演算をほどこし，結果としてひとつの数値にまとめたものを，一般的に**標本統計量**あるいは単に**統計量**(statistic)という．

標本平均は，x_1からx_nまでを全部足し上げてnで割るという操作で算出される標本統計量である．標本標準偏差は，上で求めた標本平均$\bar{x}$を利用しながら，個々の個体の観測値がもつそこからの偏差$x_i - \bar{x}$を二乗して，これを1番からn番まで足し上げ，nで割って，最後に平方根に開くという操作で算出される標本統計量である．

母集団が同じであっても，標本統計量は確定した値にはならない．というのは，母集団からどういう個体が標本の中に抽出されるかについては，きわめて多くの組み合わせがあるのが普通であって，その中のどの組み合わせが実現するかに応じて，標本統計量は少しずつ違った値になるはずだからである．**現実に算出された特性値は，標本統計量のありうる値のうちひとつが実現したものだと考えるのが，推測統計学の立場である．**

ありうる標本をしらみつぶしに調べる方法

ここに黒玉1個，白玉2個，赤玉2個の入った袋があるとする．これらの玉は手触りではまったく区別がつかないものとする．いま，袋の中から手探りで何個かの玉を取り出して，得点を競うゲームを考えてみよう．ゲームの参加者は黒玉を取り出せば1点，白玉を取り出せば2点，赤玉を取り出せば3点をもらえるものとして，競うのは平均得点であるとする．

これらの玉は手触りでは区別がつかないけれど，物体としては別々の5個のものであるから，分析者であるわれわれの立場からは相互に区別して名前をつけておくことにする．黒玉はA，白玉はBとC，赤玉はDとEとする．

1個の玉を取り出すとき，起こりうる結果は5通りであるが，玉をよく混ぜてから取り出すなら，どの1個が取り出される可能性も等しいと考えられるので，A, B, C, D, Eのそれぞれが取り出される確率は5分の1と考えることに

する．すると，得点が1点になるのはAが取り出されるときだけだから，その確率は5分の1，得点が2点になるのはBまたはCが取り出されるときだから，その確率は5分の2，得点が3点になるのはDまたはEが取り出されるときだから，その確率は5分の2となる（確率についての面倒な議論はここでは避けておくが，何らかの**試行**(trial)にともなって起こりうる**事象**(event)をすべて取り上げたうえで，「起こりうる機会がまったくない事象には数値0をあてはめ，それ以外の事象には正の数値をあてはめる」「起こりうる機会が同等であると考えられる事象には同じ数値をあてはめる」「同時には起こらない複数の事象の集合体に対しては各事象の確率の和をあてはめる」「起こりうる全事象を網羅した全体には1という数値をあてはめる」という四つの約束事を満たすように決めた数値が**確率**(probability)である）．

玉を1個だけ取り出してゲームを終えるときには，取り出した1個の玉で決まる得点がそのまま平均得点となるから，平均得点$\bar{x}$が何点になる確率がどれほどあるかの対応表を書くと表4-1のようになる．

表4-1　$\bar{x}$の確率分布（1個抽出のとき）

$\bar{x}$	確率
1	1/5
2	2/5
3	2/5

この場合の$\bar{x}$のように，何らかの試行の結果得られる可変的な数値で，具体的にどういう値になるかを事前に断言はできないが，「こういう値になる確率はいくつ」という対応関係は知られているものを，**確率変数**(random variable)という．確率変数のとりうる値の全域にわたって，表内の確率を足し上げると1になる．そういう対応関係のことを**確率分布**(probability distribution)という．

つぎに，玉を2個取り出す場合を考えると，その取り出し方の組み合わせはAB, AC, AD, AE, BC, BD, BE, CD, CE, DEの10通りあり，それぞれの

ケースが起こりうる可能性は同等と考えられる．2個の玉から得られる総得点と，それを2で割った平均得点は，表4-2のとおりとなる．そこで，平均得点$\bar{x}$の確率分布は表4-3のようになる．

表4-2 2個の玉からの総得点と平均得点

玉の組み合わせ	総得点	平均得点
AB	3	3/2
AC	3	3/2
AD	4	2
AE	4	2
BC	4	2
BD	5	5/2
BE	5	5/2
CD	5	5/2
CE	5	5/2
DE	6	3

表4-3 $\bar{x}$の確率分布（2個抽出のとき）

$\bar{x}$	確率
3/2	2/10
2	3/10
5/2	4/10
3	1/10

さらに，玉を3個取り出す場合を考えると，その取り出し方の組み合わせはABC, ABD, ABE, ACD, ACE, ADE, BCD, BCE, BDE, CDEの10通りあり，この場合もそれぞれのケースが起こりうる可能性は同等と考えられる．3個の玉から得られる総得点と，それを3で割った平均得点は，表4-4のとおりとなる．そこで，平均得点$\bar{x}$の確率分布は表4-5のようになる．

玉を4個取り出す場合には，その取り出し方の組み合わせはABCD, ABCE,

表4-4 3個の玉からの総得点と平均得点

玉の組み合わせ	総得点	平均得点
ABC	5	5/3
ABD	6	2
ABE	6	2
ACD	6	2
ACE	6	2
ADE	7	7/3
BCD	7	7/3
BCE	7	7/3
BDE	8	8/3
CDE	8	8/3

表4-5 $\bar{x}$の確率分布（3個抽出のとき）

$\bar{x}$	確率
5/3	1/10
2	4/10
7/3	3/10
8/3	2/10

ABDE, ACDE, BCDEの5通りである. 4個の玉から得られる総得点と, それを4で割った平均得点は, 表4-6のとおりとなる. そこで, 平均得点$\bar{x}$の確率分布は表4-7のようになる.

表4-6 4個の玉からの総得点と平均得点

玉の組み合わせ	総得点	平均得点
ABCD	8	2
ABCE	8	2
ABDE	9	9/4
ACDE	9	9/4
BCDE	10	5/2

表4-7 $\bar{x}$の確率分布(4個抽出のとき)

$\bar{x}$	確 率
2	2/5
9/4	2/5
5/2	1/5

最後に, 玉を5個取り出す場合には, 取り出し方は1種類しかなくて, ABCDEである. 総得点は必ず11点であり, それを5で割った平均得点は必ず5分の11である.

この最後の場合には, 取り出し方は1通りしかないから, だれがやっても同じ結果になり, そもそもゲームとしての意味がない. そこで, ゲームとして意味がある最初の4例だけを取り上げ, その確率分布をヒストグラムに描いてみることにしよう.

確率分布をヒストグラムに描く場合, その考え方は基本的に記述統計に出てきた度数分布のヒストグラム表示と同じである. ただ, 横軸変数を記述統計の場合の変量の代わりに確率変数とし, 縦軸変数を「相対度数の密度」から**確率密度**(probability density)に直せばよいのである.

なお, ここで扱っている「玉を取り出すゲーム」での平均得点は**離散的確率変数**(discrete random variable)であり, 厳密にいうと, 横軸上の飛び飛びの位置に密度無限大で確率が割り当てられることになるのだが, 後の考察の便を考えて, あえてこれを**連続的確率変数**(continuous random variable)であるかのようにみなし, となりどうしのあいだに隙間がないように長方形の柱を立てて, その面積で確率が表現されるように表示する. その結果, ヒストグラム全体の面積は必ず1となる.

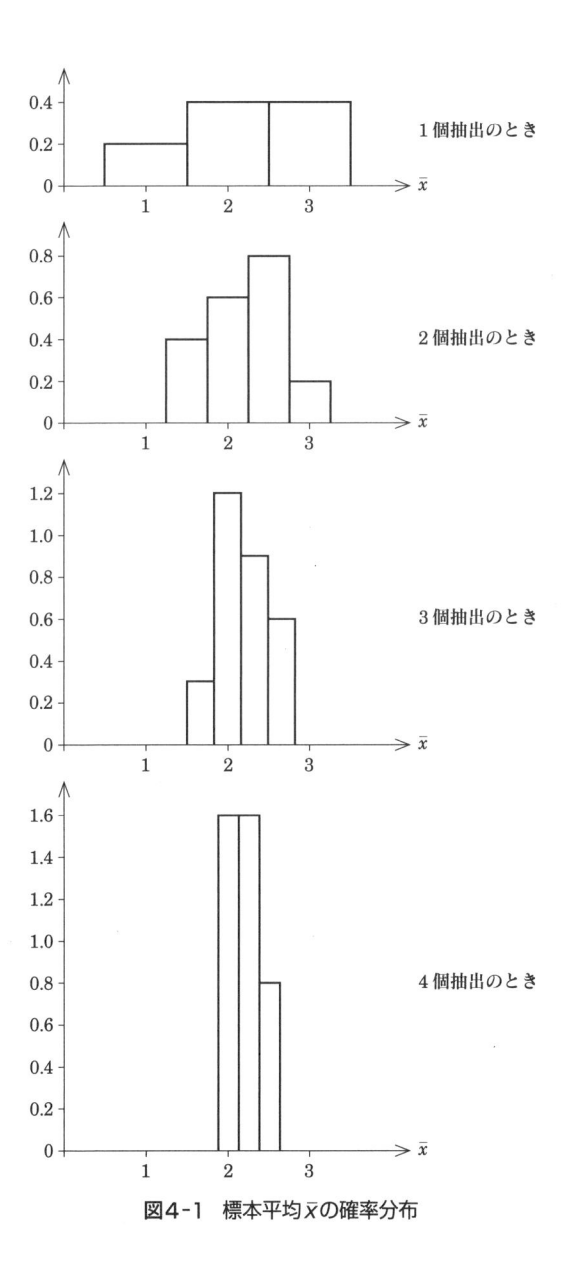

図4-1 標本平均$\bar{x}$の確率分布

そうして描いたヒストグラムが図4-1である．最初の「1個抽出」のケースでは，柱の横幅がちょうど1なので，個々の柱の体現する確率と確率密度(横幅1単位あたりの確率)とは一致し，たとえば5分の1という確率は高さ0.2の柱で表現される．「2個抽出」のケースでは，柱の横幅が2分の1になっているのにともない，確率密度としては個々の柱が体現する確率の2倍の値をとらねばならない．たとえば10分の3という確率は高さ0.6の柱で表現される．以下同様である．

確率変数としての標本統計量

さて，ここまでは「5個の玉の入った袋から玉を取り出して得点を競うゲーム」という設定で話をしてきたが，この話はそっくりそのまま「母集団からの標本抽出」に置き換えることができる．

いま，5組の夫婦があって，これだけで完結した母集団をなしているとしよう．それらの夫婦のもつ「子どもの数」というのが調査の関心の対象で，それが変量 x であるとする．もし母集団全体を全数調査すれば，

$x = 1$ の夫婦が1組，
$x = 2$ の夫婦が2組，
$x = 3$ の夫婦が2組

となっているとしよう．この母集団における子どもの数の真の平均は5分の11，つまり2.2である．このとき，もし全数調査が不可能で，標本調査で済まさざるをえない事情があったとして，標本サイズを2とすれば，得られる標本平均 $\bar{x}$ は表4-3の確率分布にしたがい，かなり不確かな結果になる．$\bar{x} = 1.5$ とか $\bar{x} = 3$ とかいった，真の平均からは相当かけ離れた値が得られてしまう危険性も排除できない．標本サイズを3とか4とか大きくしてゆけば，確率分布はだんだん真の平均に近い場所に密集してくるため，大きな誤りが起こる危険性は減ってゆく．そして標本サイズを5にしたときが全数調査で，このときには真の平均そのものが確実に得られることになる．

いちばん極端な，1組の夫婦しか抽出しなかったときが，図4-1の最上段のヒストグラムになるわけだが，これも標本調査には違いない．そのときは，たまたま抽出された1組の夫婦のもつ子どもの数がそのまま標本平均とされてしまうわけだが，その確率分布は，じつは母集団における x の相対度数分布そのものにほかならない．

（ちなみに本書では，確率の定義についての厳密な議論は省略しているが，この場合の確率とは要するに**母集団における相対度数**のことである．母集団から1個の個体しか抽出しないとき，結果がどうなるかについて確かなことは何も言えないわけであるが，「確かなことは何も言えない」では議論が始まらないので，かりに母集団を全数調査したら得られるであろう相対度数をもって，ものごとの起こる確からしさの指標にしているのである．）

この例からわかるように，**標本平均という統計量**は，少なくとも抽出行為に先立って理論的に考察するかぎりでは，確定した1個の値ではなくて**確率変数**である．そして，その確率分布のありさまは，最も拡散したケース（1個の個体しか観察しないケース）では母集団の相対度数分布そのものに一致し，標本サイズを増すにつれてだんだん散らばりの少ないとがった分布へと変貌し，最終的に母集団の真の平均のところに収束するような分布となる．

推測統計学は，標本統計量のもつ確率変数としてのこうした性格を踏まえながら，さまざまな議論を展開するのだから，そこでは標本平均と母集団の真の平均とは，つねに厳格に区別しておかねばならない．そこで，標本平均 $\bar{x}$ に対して，母集団平均は通常ギリシャ文字ミューの小文字を用いて μ_x と表示する．誤解のおそれがないときは単に μ だけでもよい．

ところで，変数 $\bar{x}$ は確率分布にしたがうのだから，それ自体の分布の平均というものをもっているはずだが，興味深いことに，それは必ず μ になる．

なお，ここで目ざとい読者は，分散や標準偏差についても，標本から得られるそれらは母集団のそれらとは異なり，確率変数であるはずだということに気づいたであろう．そのとおりである．したがって厳密な推測統計学では，標本分散や標本標準偏差と母集団のそれらとは区別し，文字も違うものを用いるこ

とになっている(標本分散はs^2で, 標本標準偏差はsで表す)[1]. ただし, 本書では, そこまで厳密な議論はしないので, 母集団についての真の値であれ標本から得られた仮の値であれ, 分散は一貫してσ^2で, 標準偏差は一貫してσで, 表現することとする.

再び標本という言葉について

　Part 2にも書いたことだが, ここで再び「標本」という語の意味について, 注意を喚起しておこう.

　先の例で5組の夫婦からなる母集団から標本を抽出するとき, 3夫婦を抽出するのなら, それは「大きさ3の標本」をとるということであって, 断じて「3個の標本」をとるわけではない. 標本そのものはあくまで1個である. と同時に, こうしてとられた標本は, 3個の個体を含む標本としては, たまたまとられた一例にすぎないのであって, 背後には「とられたかもしれない可能性のある標本」が多数存在しているのだ. 具体的に5夫婦から3夫婦を抜き出す場合, 「とられうる標本」は5から3とる組み合わせの数だけ, つまり10個だけ存在しているのであって, 逐一あげれば表4-4に書いたとおりである.

　このような, 背後にある多数の「とられたかもしれない標本」との関係で, 現実にとられたただ1個の標本からの数値を評価しようというのが, 推測統計学なのである.

---

[1] 標本分散や標本標準偏差を母集団のそれと区別する際には, 厳密にいうと式自体も変えて, nで割るかわりに$n-1$で割るのが正しいという理論がある. その立場によると
$$s^2 = \frac{(x_1-\bar{x})^2+(x_2-\bar{x})^2+\cdots\cdots+(x_n-\bar{x})^2}{n-1}$$
である. 電卓で標準偏差を求めるキーに「n」という添字のついたものと「$n-1$」という添字のついたものと二種類あるのは, そのためである.

確率どうしの積を用いた推論

　上で考察したような，母集団が比較的少数の個体からなるケースでは，そこから2個や3個の個体を抽出したときのありうる標本を網羅的に取り上げ，そのひとつひとつについて標本平均を計算し，最終的に標本平均の確率分布を求めるということも，不可能ではない．しかし，母集団が少し大きくなるとこんな方法はとても適用できない．早い話が母集団が100個の個体からなるとき，そこから5個の個体を抽出した場合のありうる標本など，天文学的な個数になってしまう．

　そこで，発想の転換が必要となる．

　結論的には，場合の数を網羅するのではなく，確率どうしを組み合わせて計算することで，標本平均の確率分布を出すことは可能なので，今後はその方法を使う．

　まずここに，以前に表2-7として示した相対度数分布にしたがっている母集団があるとする．世界中から6人兄弟姉妹を寄せ集めたときの，女の子の数の分布はだいたいこうなるであろうとして示したものである．母集団を構成する個体の数(母集団のサイズ)はきわめて大きいと仮定する(いっそのこと無限大と考えてしまうと，いちばんすっきりする)．

　その中から**無作為に**(at random) 1個の個体(この場合には6人兄弟姉妹の家族)を抽出したときの観測値(女の子の数)をx_1としよう．このx_1自身がすでにひとつの確率変数である．統計学で「無作為に」というのは，母集団の中のどの個体も選び出される機会が等しいようにという意味であるから，このx_1がしたがう確率分布は母集団の相対度数分布そのものになる．

　なお，以下で「無作為に」という言葉がたびたび強調されるのは，この条件があって初めて，各回の抽出行為で抜き出される個体の観測値のしたがう確率分布が母集団の相対度数分布そのものになり，標本統計量がしたがう確率分布についても，以下に説くような明快な法則が成り立つようになるからである．抽出行為に作為が加わると，以下の理論はすべて無効になってしまう．そのため，どうやって**標本抽出**(sampling)の**無作為性**(randomness)を確保するか

が，実践的な統計調査法の分野では大きな課題になっており，乱数表を用いる等のいろいろな方法が開発されている．無作為性の確保された標本を**無作為標本**(random sample)という．

つぎに，再び同じ母集団から無作為に1個の個体を抽出したときの観測値をx_2としよう．ここで，母集団のサイズはきわめて大きいと考えると，前の個体が1個抜き出されたことによって起こる相対度数の分布の変化は無視してよいから，このx_2がしたがう確率分布も母集団の相対度数分布そのものと考えてよい．そして，x_1の値がたまたま0であったか1であったか，あるいは6であったかというようなことは，x_2の値に影響しないと考えられるので，2つの確率変数は互いに**独立**(independent)である（本章の以下の議論で一貫して「母集団のサイズはきわめて大きい」と仮定するのは，この「独立性」の確保のためである．サイズの小さい母集団からの標本抽出だと，前に取り出された個体が何であったかによって，残された集団の中での相対度数の分布が影響を受けるという面倒なことが起こり，理論的な取り扱いがむずかしくなってしまう．その困難を避けて，小さな母集団からの抽出であっても「独立性」が確保できるようにするためには，**復元抽出**(sampling with replacement)といって，前に取り出された個体が重複して選ばれることも許容する特殊な標本抽出法が採用されることがある．袋から玉を取り出す比喩を用いるなら，いったん取り出した玉を袋に戻してよくかき混ぜてからつぎの玉を取り出すというイメージであるから，「復元」と呼ぶわけである．これに対して重複を許さない通常の標本抽出法を**非復元抽出**(sampling without replacement)という．本章の初めに取り上げた五つの玉の例は，有限母集団に対して非復元抽出法を採用しているので，理論的な取り扱いは本来むずかしいのだが，母集団のサイズがわずかだったために，ありうる標本をすべて調べつくすことで対処できたのである）．

ここで「独立」というのはPart 3で述べた「ゲタと天気」のようなもので，二変量が互いに独立の場合，クロス集計表の同時分布の部分に現れる相対度数は，対応する周辺分布の相対度数の積になることが期待されるのであった．確率というのは要するに相対度数の概念を理論的に純化したものであるから，二

つのことがらが同時に起こる**同時確率**(joint probability)については，まさにあの論法がそのまま使える．たとえばx_1が1である(最初に抽出された家族での女の子の数が1人である)確率が64分の6であって，x_2が3である(2番目に抽出された家族での女の子の数が3人である)確率が64分の20であるなら，それらが一緒に起こる($x_1 = 1$かつ$x_2 = 3$)確率は両者の積の4096分の120という値になる．

このようにして，x_1とx_2のありうる49通りの組み合わせのそれぞれが起こる確率を，周辺分布の確率の積として，表4-8のように計算することができる．

表4-8 確率の積の計算

x_1 \ x_2	確率	0	1	2	3	4	5	6
		1	6	15	20	15	6	1
0	1	1	6	15	20	15	6	1
1	6	6	36	90	120	90	36	6
2	15	15	90	225	300	225	90	15
3	20	20	120	300	400	300	120	20
4	15	15	90	225	300	225	90	15
5	6	6	36	90	120	90	36	6
6	1	1	6	15	20	15	6	1

x_1とx_2の確率の単位は$\frac{1}{64}$．欄内の積の単位は$\frac{1}{4,096}$．

確率変数の和の確率分布

ところが，これら49通りの組み合わせは，x_1+x_2という和に関しては同一の値をもたらすものを多く含んでいる．たとえば

$$(x_1, x_2) = (2, 6), (3, 5), (4, 4), (5, 3), (6, 2)$$

は，いずれも8という和をもたらす．要するに，右上から左下に向かう斜線上は，和の数値として同じものをもたらすのだ．そこで，和そのものは0から12までの13通りしかなく，和がそれぞれの数値をとる確率は，欄内の数値を統合することによって，表4-9のように算出することができる．

表4-9 観測値の和の確率分布(その1)

x_1+x_2	確率（単位：$\frac{1}{4,096}$）
0	1
1	12
2	66
3	220
4	495
5	792
6	924
7	792
8	495
9	220
10	66
11	12
12	1

　この表は，これ自体ひとつの確率分布である．x_1+x_2という新たな確率変数が定義され，その確率分布が算出されたのである．

　一般に2個の確率変数の和を新たな確率変数とした場合，もとの確率変数の分布の平均がμ_1とμ_2なら，新たな確率変数の分布の平均は$\mu_1+\mu_2$になることが知られている．この例の場合でいえば，3と3の和で6である．分散については一般法則はやや複雑だが，この例のような互いに独立な2個の確率変数の和を新たな確率変数とした場合にかぎっては，もとの確率変数の分布の分散がσ_1^2とσ_2^2なら，新たな確率変数の分布の分散は$\sigma_1^2+\sigma_2^2$となることが知られている．この例の場合はもとの分布の分散は$\frac{3}{2}$なので，新たな分布の分散は3になっている．

　こうして定義されたx_1+x_2という確率変数に対して，同じ母集団からまたまた無作為に1個の個体を抽出したときの観測値であるx_3という確率変数をぶつけて，前と同様な積の計算を行い，$x_1+x_2+x_3$という確率変数の確率分布を求めることもできる．中途の計算は省略するが，結果は表4-10のとおりになる（興味のある読者は自分で検算してみるとよい）．以下同様にしてゆけば，同じ母集団から無作為にn個の個体を抽出して観測値を合計したものを，x_1+x_2

表4-10 観測値の和の確率分布（その2）

$x_1+x_2+x_3$	確率 $\left(単位：\frac{1}{262,144}\right)$
0	1
1	18
2	153
3	816
4	3,060
5	8,568
6	18,564
7	31,824
8	43,758
9	48,620
10	43,758
11	31,824
12	18,564
13	8,568
14	3,060
15	816
16	153
17	18
18	1

$+\cdots\cdots+x_n$ という確率変数として定義し，その確率分布を求めることができる．個々の観測値はみな母集団の確率分布にしたがっていて，平均が μ，分散が σ^2 だとすると，合成された確率変数は平均 $n\mu$，分散 $n\sigma^2$ の確率分布にしたがうことになる．

標本平均の確率分布

ここまでくると，標本平均という確率変数の確率分布まではあと一歩である．標本平均とは観測値の和を標本サイズで割ったものにすぎないから，たとえば「x_1+x_2 が3になる確率が $\frac{220}{4096}$」というのなら，「$\bar{x}$ が1.5になる確率が $\frac{220}{4096}$」と読み替えればそれでよい．表4-9の場合，この表の確率変数の欄の見出しを $\bar{x}$ に書き換えて，数値を0から12までの整数の代わりに0から6までの0.5刻みの数値に書き換えれば，それでもう標本平均の確率分布になる．

同様にして，表4-10に示されている$x_1+x_2+x_3$の確率分布についても，確率変数の欄の見出しを$\bar{x}$に書き換えて，数値を0から18までの整数値の代わりに，それを3で割った0から6までの3分の1刻みの数値に書き換えれば，それでもう標本平均の確率分布になる．

つまり，観測値の和という確率変数と標本平均という確率変数とは本質的には同じ分布にしたがっているのであって，目盛りをつけかえて読みさえすれば相互に変換可能なのである．

観測値の和の確率分布において分布の平均値は$n\mu$であったから，標本平均の確率分布においては，ちょうどこのn倍の分が相殺されて，平均値はμに戻る．

分布の広がりについては注意が必要である．たとえば確率変数$x_1+x_2+x_3$の確率分布を示した表4-10では，表2-7の分布(xのとる値は0から6)にしたがう母集団からの観測値3個の和を確率変数としているため，確率変数のとる値の範囲(その幅を**レンジ**，rangeという)は0から18へと広がっている．しかし，標準偏差はそれに比例するほどには増えていない．なぜなら，分散は確かに3倍されて$3\sigma^2$になるけれども，標準偏差はその平方根であるから$\sqrt{3}\sigma$にしかならないという事情があるからだ．つまり，レンジとの相対的関係でみると分布の広がりはむしろ縮んでいるのだ．そのため，レンジが3分の1倍されてもとの母集団のレンジと同じに戻った標本平均の確率分布では，分布の標準偏差は$\sigma/\sqrt{3}$となって，母集団の分布よりも平均値μの周囲への密集度が高い分布へと変貌することになる．この「標本平均の確率分布はしだいに密集度を高める」という事実は，図4-1に描かれた「標本サイズを増すにつれてだんだん散らばりの少ないとがった分布へと変貌する」というのと同じことである．そのありさまを読者は図4-2〜図4-4によって如実に確かめることができるであろう．

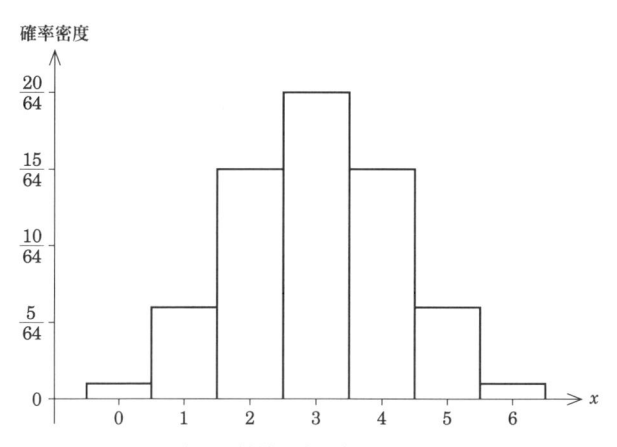

図4-2　6人兄弟姉妹の中の女の子の数の確率分布
（確率密度は x の横幅1単位あたり）

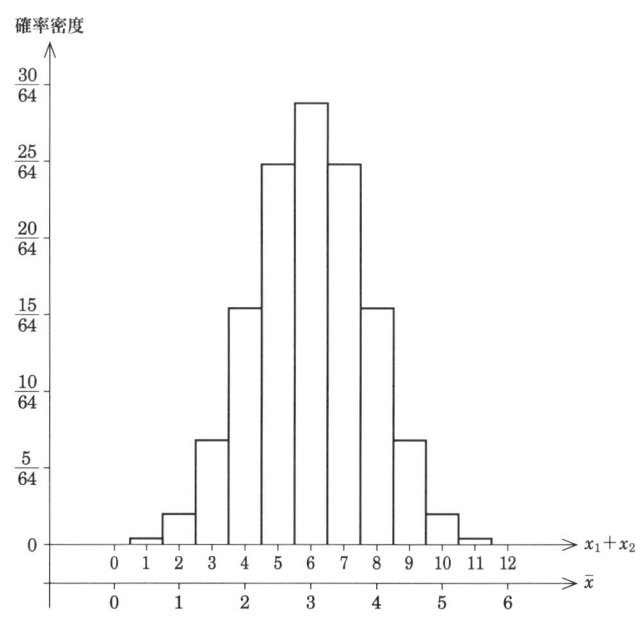

図4-3　観測値の和と標本平均の確率分布（$n=2$ のとき）
（確率密度は $\bar{x}$ の横幅1単位あたり）

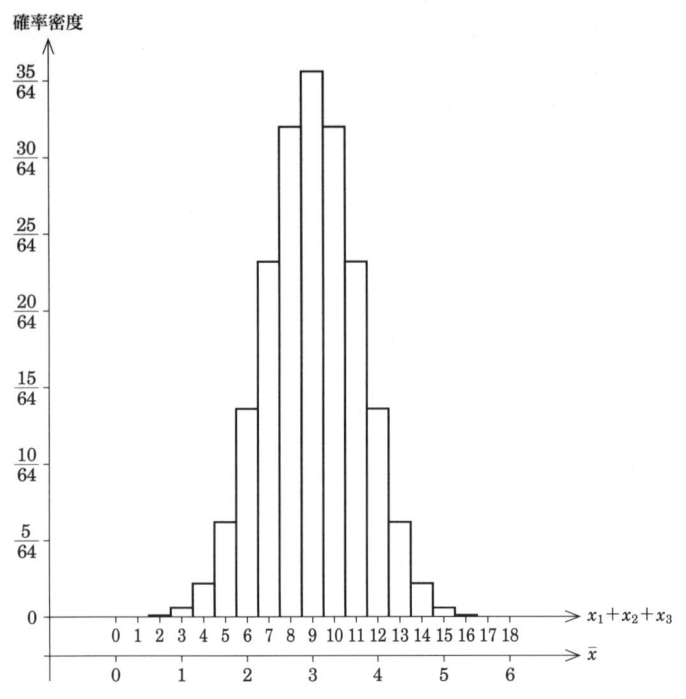

図4-4 観測値の和と標本平均の確率分布（$n=3$のとき）
（確率密度は$\bar{x}$の横幅1単位あたり）

絶対誤差は拡大するが，相対誤差は縮小する

　一般に，標準偏差がσである無限母集団から無作為にn個の個体を抽出して観測値の和を求めると，その確率分布の標準偏差は$\sqrt{n}\,\sigma$となる．そして，そこから派生する標本平均のほうは，標準偏差$\dfrac{\sigma}{\sqrt{n}}$の確率分布にしたがう（分散はその二乗だから$\dfrac{\sigma^2}{n}$である）．

　このことは，世の中の多くの問題を考えるときにとても重要なことだ．

　たとえばレンガなどというものは，1個1個をみるとそんなに厳密には作られていない．幅10cmに対して1mm程度の誤差はあるのがふつうのようだ．いま，実際にある業者の製造しているレンガを大量に取り出して測ってみた結果，幅の平均が10cmで，標準偏差が1mmという分布にしたがっていること

がわかったとしよう．このレンガを単純に並べて構造物を作ったとき，幅方向に100個並べたら，全体の寸法はどの程度になることが期待されるだろうか？

これは平均10cm，標準偏差1mmの分布にしたがう母集団から100個の個体を無作為に取り出して観測値の和を作ったのと同じことになるので，その平均は10cmの100倍の10mになるが，標準偏差のほうは1mmの100倍ではなく，10倍の1cmにしかならないのである．したがって，個々のレンガには幅の約100分の1程度の誤差があっても，レンガの集合体である構造物のほうは幅の約1000分の1程度の誤差しか出ないことが期待できる．

ピラミッドの石はさほど正確に切られていない

余談めくが，ピラミッドの近接写真をみて，ひとつ意外に思うことがある．全体の姿があれほどみごとな四角錐になっているピラミッドなのに，それを構成する個々の石はさほど正確なかたちに切られているわけでもないということだ．石切り場から切り出す際に，基本的にだいたい同じ大きさの直方体に切るようにと，指令は出ていたのであろうが，石は「切る」というより「割って採取する」ものであるから，そのときそのときの偶然的な割れ方によって，規格のサイズから相当にずれたものも生じる．写真でみると，それを運んできて積み上げるに際して，規格のサイズにそろえるための磨き上げなどはしておらず，割り出されたときのかたちのままを積み上げたようだ．

ただし，隣接する石どうしの関係をみると，幅の長すぎる石のとなりには短すぎる石を配置するなど，人為的に調整している形跡があるので，たんに無作為に積み上げていったのではないようだ．その意味で，ピラミッドの石の例を「たくさん集めれば相対誤差は縮小する」ことの実例として，単純に賛美するわけにはいかないかもしれないが，かりに無作為に積み上げたのであったとしても，全体のかたちには，個々の石がもつほどのぶれは生じないというのは本当であろう．

キャラメルの個々のかたちはそんなに正確ではないにもかかわらず，12個入りの一箱の中はけっこう整然とおさまっているなど，われわれの生活の中に

は「たくさん集めれば相対誤差は縮小する」法則の恩恵に浴している部分がいろいろと存在する．

投資信託が成り立つ理由

　突拍子もない例と思われるかもしれないが，投資信託という商売が成り立つ理由も，これと関連している．

　世の中には銀行預金のような元本保証・確定利付きの安全な貯蓄運用手段もあれば，株式のような収益不確定な貯蓄運用手段もある．後者のような資産はリスクがあるといわれる．そこでいうリスクとは，予想される収益を確率分布としてとらえた場合に，分布の標準偏差が大きいということである．たいがいの人はリスクが大きいことを嫌うから，リスクが大きいのなら，その代償にせめて予想される収益の平均値は高いのでなければ承知しない，という態度をとる．その結果として，世の中の諸資産はリスクと収益（リターン）との二次元平面の中でみると，ローリスクならローリターン，ハイリスクならハイリターンという傾向線に沿って並ぶことになる．

　ところが，投資対象をハイリスク金融商品に集中しても，その内訳のレベルで分散投資という手法をうまく使えば，一方で銀行預金に近いローリスク性を享受しつつ，他方でハイリスク商品にしかないハイリターン性のうまみを吸い取ることも可能だと，いわれている．

　いまかりに，予想収益の平均値がμで標準偏差がσの金融資産がn個あって，その値動きは互いに独立であるとしてみよう．それらに同額ずつ分散投資して，それらの資産からの収益の平均値を自分のものにするならば，その確率分布は平均μ，標準偏差$\frac{\sigma}{\sqrt{n}}$となるはずだ．この原理によって，分散投資を活用すれば，収益性の面ではハイリスク金融商品のもつ収益性の高さをわがものとして吸い上げながら，リスクのほうはかなり減らせるというのである．

　もちろん，資産の値動きは相互に独立ではないので，事は標本抽出の理論ほど単純にはいかないが，専門的知識のある者が信託という形でお金を預かって

うまく分散投資をするなら，中間の手数料を取りながら，顧客には銀行預金よりも高い率で収益を享受させることができるというのである．

正規分布は自分と同じ子孫を産み出す

　ところで，「観測値の和の確率分布」や「標本平均の確率分布」を論じるに際して，母集団として例の「6人兄弟姉妹の家族」を取り上げたのは，意図があってのことだ．

　あの例は「世の中には母集団全体を観察すればほぼ正規分布にしたがうと考えられる現象が多い」ことの例として挙げたもので，離散的確率分布ではあるが，きわめて正規分布に近かった．そのありさまは図4-2でわかるとおりである．そこから無作為にとった2個あるいは3個の個体の観測値の和がしたがう確率分布を示した図4-3や図4-4をみると，これらもまた左右対称で釣鐘型になっており，きわめて正規分布に近い．

　これはじつは「正規分布にしたがう互いに独立な複数の確率変数があると，それらの和もまた正規分布にしたがう」という法則の現れなのだ（設例では残念ながら近似的にしか観察できないが，十分によい近似度である）．他の確率分布にしたがう確率変数どうしの和ではこのようなことは起こらない．これは正規分布のもつ性質のうちきわめて重要なもので，**正規分布の再生性**と呼ばれている．

　世間広しといえど，正確に「自分と同じ子孫を生み出す」確率分布は正規分布をおいてほかにはない．

　なお，この「正規分布の再生性」については，初学者からはしばしば疑問が提出される．「6人兄弟姉妹の家族」の例のような同じ場所に峰をもつ正規分布を2回足し上げたのなら確かにそうなるかもしれないが，Part 2の図2-5に出てきた2個の異なる正規分布のように，峰の位置が離れている分布を足し上げれば，二峰性の分布になってしまうではないか，というのである．これは**確率変数の和ということを密度関数そのもののグラフを足すことのように取り違えた初歩的な誤解**によるものだが，初学者の陥りやすい誤解である．

確率変数の和というのは，たとえばお菓子を10個前後もっているグループに属する多数の子と，20個前後もっているグループに属する多数の子とで，手当たりしだいに(無作為に)カップルを組ませて，全員がカップルを組み終わったとき，(個人ごとにではなく)カップルごとにもつお菓子の数は全体でどんなふうに分布するかということである．当然30個の前後に分布するであろう．そして合体前の各グループの中での個人ごとのお菓子の個数の分布がそれぞれ正規分布なら，合体後にカップルごとにもつお菓子の個数の分布も正規分布になるというのである．二つのグループを混ぜ合わせたうえで，個人ごとにもっているお菓子の数を再調査するというのとは話がまったく違うのである(密度関数を足し上げると考えている人は，具体例としてはこういうことをイメージしていることになる)．

これでもなお納得できないという人は，表4-8において，x_1とx_2のどちらか一方の分布の平均値を変えて，たとえばx_2は13を中心にして10から16までの範囲に分布する確率変数であるというふうにしたうえで，同じ計算を実行してみればよい．そのようにしてもx_1+x_2の分布はけっして二峰性にはならないことが，すぐにわかるであろう．

カップルの身長差もまた正規分布にしたがう

「正規分布にしたがう確率変数どうしの和が再び正規分布にしたがう」という法則は，じつは「それらのあいだの差もまた正規分布にしたがう」ということを含意している．このことは，表4-8において，

$$(x_1, x_2) = (2, 0), (3, 1), (4, 2), (5, 3), (6, 4)$$

といった「差が同一の値をとるセル」の数値を統合して確率変数x_1-x_2の確率分布を導き出したらどうなるかと考えてみれば，すぐに納得のいくことである．あるいは，x_1-x_2とは$x_1+(-x_2)$という和なのだと考え，正規分布の左右対称性からいって，確率変数x_2が正規分布にしたがっているとき，それを横方向に裏返したグラフをもつ$-x_2$もまた正規分布にしたがっているはずだと

いうことから推論してもよい.

そして，互いに独立な2個の確率変数の差の分布においては，新たな確率変数の分布の平均は $\mu_1 - \mu_2$ となるが，分散のほうは依然としてもとの分散どうしの和となり，$\sigma_1^2 + \sigma_2^2$ となる[2]．

このことを応用すると，Part 1にかかげた「女性のほうが背の高いカップルはどのくらい生じるか？」の問題が簡単に解ける．

いま，男性の身長を確率変数 x，女性の身長を確率変数 y とおく．それぞれの平均と標準偏差を $\mu_x, \sigma_x, \mu_y, \sigma_y$ とおくと，

$$\mu_x = 171.78, \quad \sigma_x = 5.04, \quad \mu_y = 157.66, \quad \sigma_y = 4.63$$

である．無作為にカップルを作ったときの身長差を新たな確率変数とするが，女性の身長のほうを前に出して $y-x$ としよう．この確率変数は正規分布にしたがい，その平均 μ は

$$\mu = 157.66 - 171.78 = -14.12$$

である．また，分散 σ^2 が

$$\sigma^2 = \sigma_x^2 + \sigma_y^2 = 25.4016 + 21.4369 = 46.8385$$

となることから，標準偏差 σ はその平方根をとって $\sigma \fallingdotseq 6.84$ となる．

---

[2] およそ確率変数どうしの和で新しい確率変数を定義した場合，その平均はもとの2つの平均の和になる．そして，両確率変数が独立であれば，分散ももとの2つの分散の和になる．これが一般法則である．$x_1 - x_2$ という「差」に関しては，これを $x_1 + (-x_2)$ という「和」なのだと解釈して上の法則を応用すればよい．平均については，x_1 の平均は μ_1 で，$-x_2$ の平均は $-\mu_2$ であるがゆえに，新たな平均は $\mu = \mu_1 + (-\mu_2) = \mu_1 - \mu_2$ となる．分散については，x_1 の分散は σ_1^2 で，$-x_2$ の分散は（グラフが左右裏返しになっても分布のもつ散らばりは変わらなくて）σ_2^2 であるがゆえに，新たな分散は $\sigma^2 = \sigma_1^2 + \sigma_2^2$ となる．

この$y-x$の密度関数のグラフは図4-5のようになるが，問題はこの確率変数が0を超える部分（第Ⅰ象限側に突出している部分）のグラフの下の面積を求めることに帰着する．

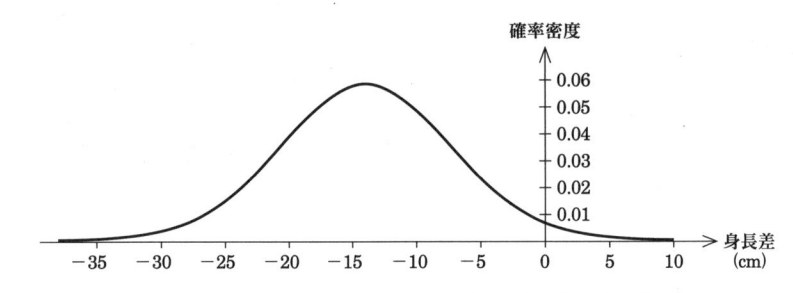

図4-5 無作為に組ませた男女カップルの身長差の確率分布

一般に，ある確率変数が正規分布にしたがっていて，平均がμ，標準偏差がσとわかっていれば，その変数値からμを引いてσで割るという操作により，標準化することができるので，この問題の場合，$y-x=0$となる点でのこの確率変数の値を標準化したものは

$$z = \frac{0-(-14.12)}{6.84} \fallingdotseq 2.06 \tag{1}$$

となる．つまり，この点は平均値から上方に標準偏差の2.06倍だけ隔たった点ということになる．標準正規分布の数表で2.06を上回る部分の面積を調べると約0.02なので，結論として，大学生のあいだで無作為にカップルを組めば，女性のほうが身長の高いカップルは約2％生じると推定される．

満遍なくできる学生は希少価値が高い

つぎに，同じくPart 1にかかげた「満遍なくできる学生はどうしてあんなに上位に躍進するのか？」というもうひとつの問題を考察してみよう．

具体例として1万人の受験者に数学と音楽の試験をしたと仮定し，つぎのように問題を設定してみよう．数学の得点は，平均50点，標準偏差16点の正規分布にしたがっているとする．音楽の得点は，平均60点，標準偏差12点の正

規分布にしたがっているとする．両科目の得点は独立である(一方の科目がどのくらいできるかが他方の科目の実力に影響しない)と仮定する．このとき，数学でも音楽でもともに全受験者中500位の成績を収めた者は，合計得点では何位ぐらいになるか．

いま，数学の得点を確率変数x，音楽の得点を確率変数yとおく．それぞれの平均と標準偏差を$\mu_x, \sigma_x, \mu_y, \sigma_y$とおくと，

$$\mu_x = 50, \quad \sigma_x = 16, \quad \mu_y = 60, \quad \sigma_y = 12$$

である．合計得点は確率変数$x+y$であり，その平均をμとすると

$$\mu = \mu_x + \mu_y = 50 + 60 = 110$$

である．また，分散σ^2が

$$\sigma^2 = \sigma_x^2 + \sigma_y^2 = 256 + 144 = 400$$

となることから，標準偏差σはその平方根をとって$\sigma = 20$となる．

さて，標準正規分布にしたがう確率変数をzとしたとき，上側5％点(確率変数がこれより上の値をとる部分のグラフの下の面積は0.05しかないという点)は$z = 1.64$であることから，当該の受験者の数学の得点は$50 + 1.64 \times 16 \fallingdotseq 76.2$と推定され，音楽の得点は$60 + 1.64 \times 12 \fallingdotseq 79.7$と推定される．したがって，合計得点は$76.2 + 79.7 = 155.9$と推定される(図4-6)．$\mu = 110$，$\sigma = 20$の正規分布においてこの得点がどの程度珍しいかを評価するためには，この変数を標準化して

$$z = \frac{155.9 - 110}{20} = 2.295 \tag{2}$$

としてみればよい．標準正規分布において変数値がこれを上回る部分のグラフの下の面積は約0.011であるから，合計得点が155.9を上回る受験者は1万人中で約110人と推定され，この受験者は合計得点では110位あたりにランクされることになる．

確率密度

音楽
数学
合計点
得点

0.03
0.02
0.01

0   10 20 30 40 50 60 70 80 90 100 110 120 130 140 150 160 170 180

↑ ↑   ↑
76.2 79.7   155.9

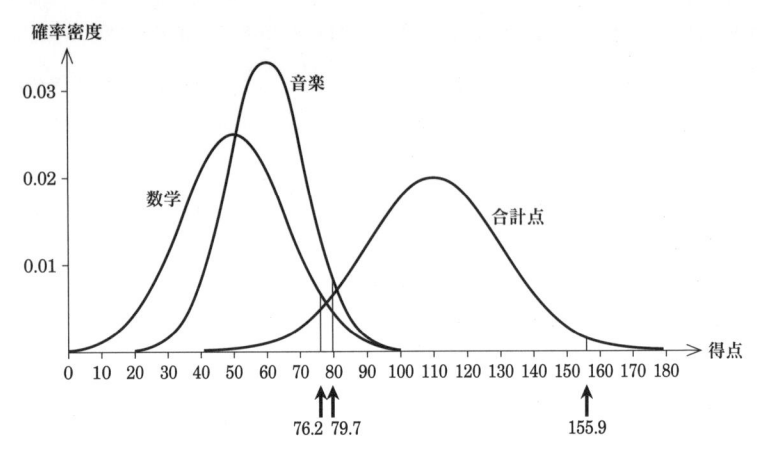

図4-6　二科目の得点の確率分布と合計点の確率分布

　もし数学と音楽の得点が完全に連動していて，学生は必ず両方の科目で偏差値的にみて同等の成績をあげると決まっているものなら，どちらか一方の科目でこの学生より上位の成績をあげている者は，自動的に他方の科目でもこの学生より上位にいることになるから，上位にいる499人の順位は個々の科目でみようと合計点でみようとまったくゆるがないであろう．しかし，実際には数学で上位にいても音楽が同等ぐらいできるとはかぎらないし，音楽で上位にいても数学が同等ぐらいできるとはかぎらない．確率論的にみた両科目の得点が相互に独立的であるなら，一方の科目で当の学生があげた得点が相当並外れた域に達していればいるほど，他方の科目でも同等以上の偏差値の得点をあげている可能性は低くなる．

　このことは，表4-8の中で，x_1が3のときにx_2も3以上ということはごくありきたりで，x_1が4のときにx_2も4以上ということもさほど珍しくないのに，x_1が5のときにx_2も5以上ということになると相当に珍しいということをみてもわかる．両科目で満遍なく相当の成績というのは至難の技となり，それだけ希少価値が高くなるのである．科目の数が3ともなればこの希少性はさらに強められる．そのことは，図4-2においてxが5以上ということはさほど珍しくないのに，図4-4において$x_1+x_2+x_3$が15以上ということはいかに珍しいかを

みてもわかる．

　もちろん，学科目の中には国語と日本史とか数学と物理とか，一方ができる学生は他方もできるという連動関係がかなり強くみられる科目もある．しかしそれでも完璧な連動関係ではない．現実には科目相互間の関係は完全独立でも完全な連動でもない中間であろうが，科目の数が多いことの効果も加味されて，模擬試験では全科目満遍なく50位あたりの人が合計点ではベストテン入りしたりするのであろう．

ベルヌイ分布

　ここで，母集団の確率分布そのものが正規分布にしたがうというケースの話はいったん終わりにして，以下では母集団の分布としては最も単純なものを話題にすることにしよう．それはベルヌイ分布と呼ばれるものである．

　世の中の統計的調査項目の中には，内閣を「支持する」か「しない」かとか，病気が「治癒した」か「しなかった」かとか，結果が二者択一のかたちになるものが多い．そういう変量は，調査結果が何らかの述語で表されるという意味で質的変量であるが，二者択一の選択肢は，「賛成」とか「ある」とか「起こった」とかいう積極方向の選択肢と，そうでない消極方向の選択肢に分かれているのが普通なので，前者に1，後者に0をあてはめれば，これを量的にとらえて，ヒストグラムを描いたり，平均値や分散を論じたりすることも不可能ではない．このようにして得られる，確率変数が0か1かいずれかの値しかとらない確率分布を**ベルヌイ分布**（Bernoulli distribution）と呼ぶ．

　Part 2で学んだように，観測結果が度数分布で表現されているときの標本平均は，標本サイズをn，変量のとりうる値を$x(1), x(2), \ldots\ldots, x(m)$，それぞれについて観測された度数を$f_1, f_2, \ldots\ldots, f_m$として，

$$\bar{x} = \frac{f_1 x(1) + f_2 x(2) + \cdots\cdots + f_m x(m)}{n} \qquad (3)$$

と表現できるが，これを書き直すと

$$\bar{x} = \left(\frac{f_1}{n}\right)x(1) + \left(\frac{f_2}{n}\right)x(2) + \cdots\cdots + \left(\frac{f_m}{n}\right)x(m) \qquad (4)$$

となり,「相対度数と変量のとりうる値との積を足し上げたもの」になる. 特に変量のとりうる値が $x(1)$ および $x(2)$ の2個しかなくて, それぞれについて観測された度数が f_1 および f_2 であるなら,

$$\bar{x} = \left(\frac{f_1}{n}\right)x(1) + \left(\frac{f_2}{n}\right)x(2) \qquad (5)$$

である. 度数分布の平均値についての(4)式や(5)式は, 左辺の $\bar{x}$ を μ に変え, 相対度数を確率に書き換えるだけで, 確率分布の平均値の式に直すことができる.

ベルヌイ分布の場合, 確率変数のとる値は $x(1)=0$ と $x(2)=1$ であり, 積極方向の事柄の起こる確率を p とすると, そうでないことの起こる確率は自動的に $1-p$ なので, (5)式を利用して

$$\mu = (1-p)\times 0 + p\times 1 = p \qquad (6)$$

という結果が得られる. 問題にしている当の事柄が「起こる」確率(具体的には病気の「治癒率」であったり内閣への「支持率」であったりする)が, 分布の平均値で表現されているというのは, ベルヌイ分布のたいへん便利な性質である.

つぎに, やはりPart 2で学んだように, 観測結果が度数分布で表現されているときの標本分散は,

$$\sigma^2 = \frac{f_1\{x(1)-\bar{x}\}^2 + f_2\{x(2)-\bar{x}\}^2 + \cdots\cdots + f_m\{x(m)-\bar{x}\}^2}{n} \qquad (7)$$

と表現できるが, これを書き直すと

$$\sigma^2 = \left(\frac{f_1}{n}\right)\{x(1)-\bar{x}\}^2 + \left(\frac{f_2}{n}\right)\{x(2)-\bar{x}\}^2 + \cdots\cdots + \left(\frac{f_m}{n}\right)\{x(m)-\bar{x}\}^2$$
$$(8)$$

となる. 特に変量のとりうる値が $x(1)$ および $x(2)$ の2個しかなくて, それぞ

れについて観測された度数がf_1およびf_2であるなら，

$$\sigma^2 = \left(\frac{f_1}{n}\right)\{x(1)-\bar{x}\}^2 + \left(\frac{f_2}{n}\right)\{x(2)-\bar{x}\}^2 \tag{9}$$

である．(8)式や(9)式も，相対度数を確率に書き換えるだけで，確率分布の分散の式に直すことができる．

ベルヌイ分布の場合にこれを適用すると，先の平均値の計算で$\mu = p$であったことをも勘案しながら，

$$\begin{aligned}
\sigma^2 &= (1-p)\times(0-\mu)^2 + p\times(1-\mu)^2 \\
&= (1-p)\times(-p)^2 + p\times(1-p)^2 \\
&= (1-p)p^2 + p(1-p)^2 \\
&= p(1-p)\{p+(1-p)\} = p(1-p) \tag{10}
\end{aligned}$$

という結果が得られる．ここで，記憶の便宜上，「起こらない」ほうの確率である$1-p$にもひとつの文字をあてはめてこれをqとし，

$$\sigma^2 = pq \tag{11}$$

という簡潔なかたちに書くことが好まれている．

二項分布

いま，たいへん多くの個体からなる集団があって，その中には相対度数pの割合で「賛成」とか「支持」とか「治癒した」とかの積極的方向の属性をもつ個体が含まれているとする．そのサイズは非常に大きく（全国の国政選挙の有権者というような集団をイメージするとよい），数十個程度の個体をそこから抜き出しても，残った集団の中の相対度数分布の変化は無視できるぐらいであったとしてみよう．すると，この集団から無作為にn個の個体を抽出して，結果が「積極」であるか「消極」であるかを観測するという行為は，（確率pで値1をとり，確率qで値0をとるような）ベルヌイ分布にしたがう無限母集団から，n回続けて個体を抜き出して，値を調べているのと同じことになる．

個々の個体を抜き出して観測する行為をそれぞれ一回の**試行**(trial)と呼ぶな

ら，何度目に抽出される個体も，確率pで値1をとり，確率qで値0をとることに変わりはなく，前や後の試行に影響されないという意味で，試行どうしは互いに独立である．

このような互いに独立な試行をくりかえして，うち何回積極方向の結果が得られたかを問題にすると，その回数は確率変数となる（「積極方向の結果が何回起こる確率がいくつ」という確率分布を表にすることができる）．

しかもその確率変数は，じつは，当の母集団から取り出されたn個の個体の「観測値の和」という確率変数と同じものになる．なぜなら，ベルヌイ分布にしたがう確率変数は0か1かどちらかの値しかとらないため，観測値をつぎつぎに足し上げてゆくと自動的に「1の出た回数」だけの数値になるからだ．

この「1の出た回数の確率分布」，言い換えれば「積極方向の事柄の起こった回数の確率分布」を**二項分布**（binomial distribution）という．

二項分布は，正規分布がそうであったのと同じように，ただひとつの分布ではなく，分布の族である．基礎となる個々の試行で当該の事柄が起こる確率pと，試行の回数nとによって特徴づけられ，それらが異なるごとに別々の分布となる．

その確率分布の具体的数値の計算方法には公式があるが[3]，ここではそれよりも原始的な方法でアプローチしてみよう．「ベルヌイ分布にしたがう母集団から個体を抽出してその観測値の和を求める」という考え方に立って，先の表

---

3) 1回の試行である事柄が「起こる」確率をpと，「起こらない」確率を$q = 1-p$としたとき，独立なn回の試行のもとで当の事柄がr回起こる確率は

$$P(r) = {}_nC_r\, p^r q^{n-r}$$

である．ただしここで${}_nC_r$は「n個からr個とる組み合わせ」の場合の数を表し，階乗を用いて

$$_nC_r = \frac{n!}{r!(n-r)!}$$

と表現できる．

4-8のときと同じ計算を実行するのである．例として$p=1/3$の場合を取り上げよう．

まず，個体を2個抽出したときの観測値の和の確率分布を求めるには，表4-11のようにベルヌイ分布の確率分布を縦横に周辺分布として書いて，それらの確率の積として同時分布の確率を求めればよい．そして，x_1+x_2の値が同じになるセルの確率は統合して，表4-12の左側に書いてある確率分布を得る．そうしたら，その確率分布に再びベルヌイ分布にしたがう確率変数x_3をぶつけて，表4-12のように積の計算を行う．この表の中で$x_1+x_2+x_3$が同じ値になるセルの確率を統合することで，表4-13の左側に書いてある確率分布を得る．以下同様にすれば，一般的に$x_1+x_2+\cdots\cdots+x_n$の確率分布を出すことが

表4-11 二項分布の計算（その1）

	x_2	0	1
x_1	確率	$\dfrac{2}{3}$	$\dfrac{1}{3}$
0	$\dfrac{2}{3}$	$\dfrac{4}{9}$	$\dfrac{2}{9}$
1	$\dfrac{1}{3}$	$\dfrac{2}{9}$	$\dfrac{1}{9}$

表4-12 二項分布の計算（その2）

	x_3	0	1
x_1+x_2	確率	$\dfrac{2}{3}$	$\dfrac{1}{3}$
0	$\dfrac{4}{9}$	$\dfrac{8}{27}$	$\dfrac{4}{27}$
1	$\dfrac{4}{9}$	$\dfrac{8}{27}$	$\dfrac{4}{27}$
2	$\dfrac{1}{9}$	$\dfrac{2}{27}$	$\dfrac{1}{27}$

表4-13 二項分布の計算（その3）

	x_4	0	1
$x_1+x_2+x_3$	確率	$\dfrac{2}{3}$	$\dfrac{1}{3}$
0	$\dfrac{8}{27}$	$\dfrac{16}{81}$	$\dfrac{8}{81}$
1	$\dfrac{12}{27}$	$\dfrac{24}{81}$	$\dfrac{12}{81}$
2	$\dfrac{6}{27}$	$\dfrac{12}{81}$	$\dfrac{6}{81}$
3	$\dfrac{1}{27}$	$\dfrac{2}{81}$	$\dfrac{1}{81}$

できる．ただし，通常，二項分布を定義する場合，確率変数は「積極方向の事柄の起こった回数」という考え方でとらえ，ベルヌイ分布からの観測値の和とはとらえないので，$x_1+x_2+……+x_n$といった書き方はせずに，rという一文字で書く（当然ながら，相関係数のrとは，文字は同じでもまったく別の意味である）．

なお，二項分布の平均や分散は，互いに独立な確率変数の和を新たな確率変数とした場合の一般法則にもとづいて，（ベルヌイ分布の平均や分散を基礎にしながら）簡単に求めることができる．

具体的には，試行回数nの二項分布の平均は$\mu = np$であり，分散は$\sigma^2 = npq$である．そこで標準偏差は$\sigma = \sqrt{npq}$であり，対応するベルヌイ分布の標準偏差に対して$\sqrt{n}$倍という関係になっている．

比率の分布

ところで，二項分布にしたがう現象については，起こった回数が何回かを表現する確率変数rよりも，それを試行の回数で割ったr/nが関心の対象となることが多い．たとえば300人にインタビューをして内閣支持か否かを問うた場合，「支持と答えた人が186人いた」と表現するよりも「支持率が62％だった」と表現したほうが，人々の関心をより強く引きつけるであろう．

そこで，二項分布における確率変数rを標本サイズnで割ったものを新たに確率変数と考えて，それについていろいろ分析するのも有意義だということになる．この確率変数は**比率**（proportion）あるいは（より厳密を期して）**標本比率**（sample proportion）と呼ばれるが，rが観測値の和であったのにともない，こちらのほうはベルヌイ分布にしたがう母集団から得られた標本平均としての意味をもっている．標本比率がしたがう確率分布のことを**比率の分布**と呼んでいる．

標本平均の確率分布の平均がちょうど母集団平均μになるという法則は，この場合にも適用できて，比率の分布の平均はpになる．pはベルヌイ分布において積極方向の事柄が起こる確率であると同時にその分布の平均でもあった．

見方を少し変えれば,これは母集団における真の比率(たとえば9000万人の有権者の中に「内閣支持」者は5400万人いて,支持率は60%であるというような,もし全数調査をしたら出るであろう比率)を指しているともみられる.そこで,標本比率はそれを近似するものだということができ,$\hat{p}$という文字で表現される.

そして,標本平均の確率分布の標準偏差は母集団の標準偏差の$\frac{1}{\sqrt{n}}$倍になるという法則もやはり成り立ち,比率の分布の標準偏差は$\sqrt{\frac{pq}{n}}$となる(分散は$\frac{pq}{n}$となる).比率の分布は標本平均の分布と同様,nを大きくするほど散らばりの少ないとがった分布へと変貌し,母集団における真の比率pの周囲への密集度を高めてゆくのである.この事実を基礎とするとき,内閣支持率にしても病気の治癒率にしても,多くの個体を観測するほど精度のよい近似値が得られるということを,数学的な法則として主張することができる.これを**大数の法則**(law of large number)という.

二項分布の正規分布への漸近

ところで,表4-12や表4-13をみればわかるように,二項分布は一般には左右非対称な分布である.$p=1/2$のときだけは基礎になるベルヌイ分布が左右対称な分布であるため,そこから派生する二項分布も左右対称になるが,それ以外では非対称である.表の例ではベルヌイ分布が左にウエイトのかかった分布(「起こらない」確率のほうが大きくて2/3,「起こる」確率は1/3と小さい)になっていることを受けて,派生した二項分布でも,ヒストグラムを描けば峰が左に偏ったものになる.

ところが,たいへん興味深いというか,意外なことに,nの数をどんどん増やしてゆくにつれて,この非対象性はしだいに解消されてゆき,最終的には,pがどんな偏った値(たとえば0.1とか0.9とか)をとる二項分布であっても,正規分布に無限に近づいてゆくということが,わかっているのだ.

その漸近のありさまは，多くの統計学書で図4-7のように描かれている．

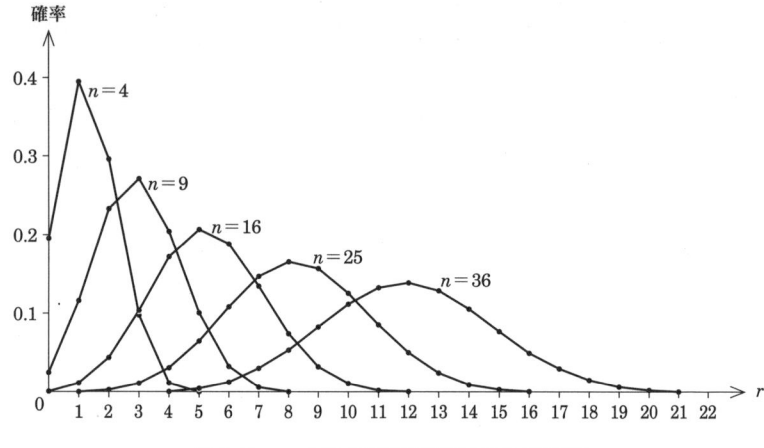

図4-7 p＝1/3の二項分布のグラフの変遷

確かにこれで二項分布が正規分布に近づくことは読み取れる．ただし，nが大きくなるにつれて二項分布の平均npはどんどん大きくなり，標準偏差$\sqrt{npq}$も大きくなってゆくから，確率変数rを横軸にとって，確率そのものを縦軸にとった座標平面内でとらえたのでは，峰の位置はどんどん右へ移動し，分布の山は横幅が広がるとともに高さが低くなり，はいつくばった形になっていってしまう．

二項分布が一定の分布に漸近するというのは，厳密にいうと，つぎのようにrから分布の平均値を引いて標準偏差で割るという「確率変数の標準化」をほどこしたときに，という意味である．

$$z = \frac{r - np}{\sqrt{npq}} \tag{12}$$

この新変数zを横軸にとり，さらに縦軸方向は確率それ自体ではなく確率密度で考え，離散的確率変数をかりに連続的確率変数であるかのようにみなして，ヒストグラム表示を採用する．確率密度としてはもとの変数rの横幅1単位あたりではなく，新変数zの横幅1単位あたりを考える．これだけ工夫をこらし

たうえで，$n=4$から$n=36$までのいくつかの値に対応する二項分布のヒストグラムを描いたのが図4-9〜図4-13である（図4-13の右側5本の柱に影がつけてあるのは，次章での説明に使うためである）.

なお，ベルヌイ分布自身も広い意味では二項分布の一種と考えることができるので（$n=1$の場合の二項分布），これも仲間に入れて図4-8としてヒストグラムに表現しておいた.

こうやってながめると，ベルヌイ分布のヒストグラムが総面積を不変に保ったまま少しずつ変容して，種々の二項分布を経て最終的に正規分布へと収束してゆくようすがよくわかる.

二項分布が正規分布に近づくというのは，じつは「およそ母集団の確率分布がどんな分布であろうと，そこから無作為に抽出された標本の，観測値の和の分布は，標本サイズを十分に大きくとれば正規分布に近づく」という法則の，一例なのだ．母集団がベルヌイ分布にしたがう最も単純なケースが二項分布のケースだが，それ以外の確率分布を出発点に据えても，同じような変容と収束の過程を観察することはできる．そして，母集団自身が最初から正規分布にしたがっている場合には，途中経過なしに，観測値の和の分布は最初から正規分布となる．この特殊ケースが「正規分布の再生性」だったのである.

そういう意味で，ある母集団を出発点にして，標本サイズを$1, 2, 3, \ldots\ldots$と順次大きくしながら観測値の和の確率分布を求めてゆくという操作は，比喩的には，絶対値1未満の数の累乗を順次求めてゆく計算になぞらえることができる．正規分布がこの操作の中で占める位置は，累乗計算の中で0が占める位置とよく似ている．もとになる数が最初から0ならば，累乗の結果はつねに0で，自分自身となる．そして0以外の数でも，累乗の回数を重ねるごとに0に近づいてゆく.

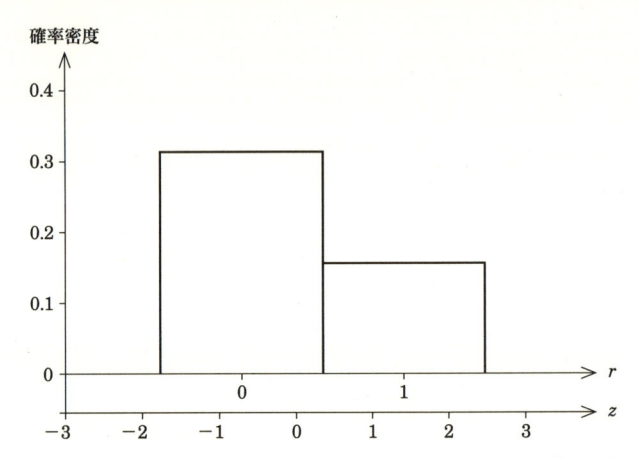

図4-8　変数を標準化した$p=1/3$のベルヌイ分布のヒストグラム表示

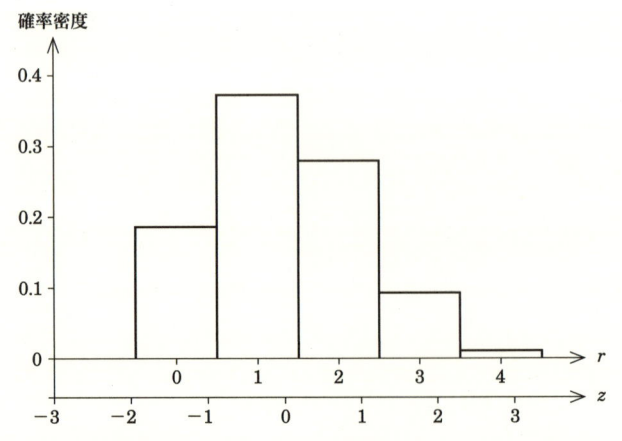

図4-9　変数を標準化した$p=1/3$の二項分布のヒストグラム表示（$n=4$）

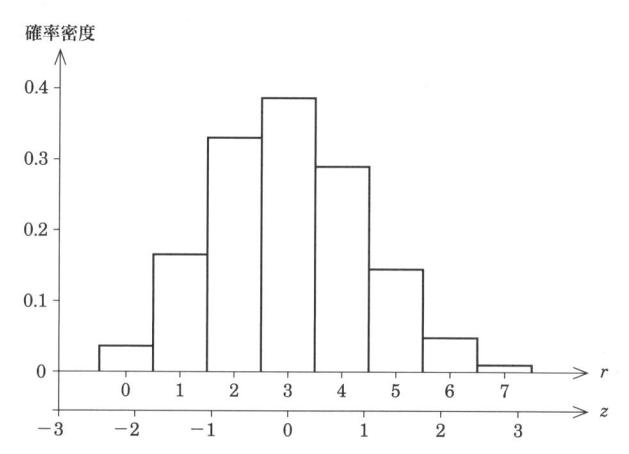

図4-10 変数を標準化した$p=1/3$の二項分布のヒストグラム表示($n=9$)

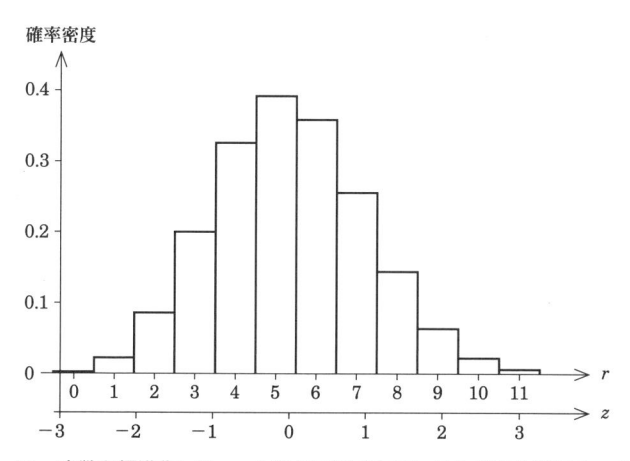

図4-11 変数を標準化した$p=1/3$の二項分布のヒストグラム表示($n=16$)

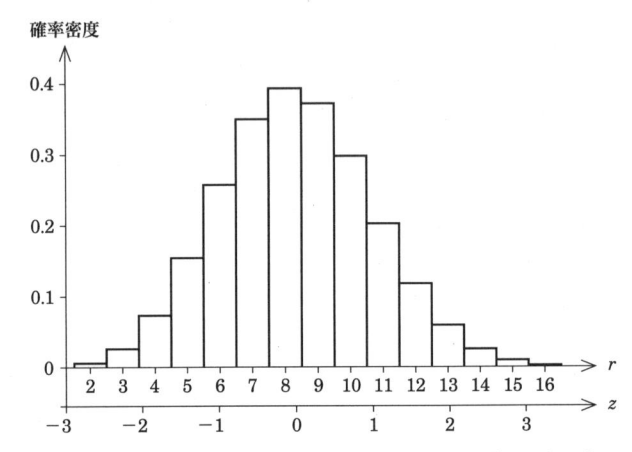

図4-12 変数を標準化した$p=1/3$の二項分布のヒストグラム表示($n=25$)

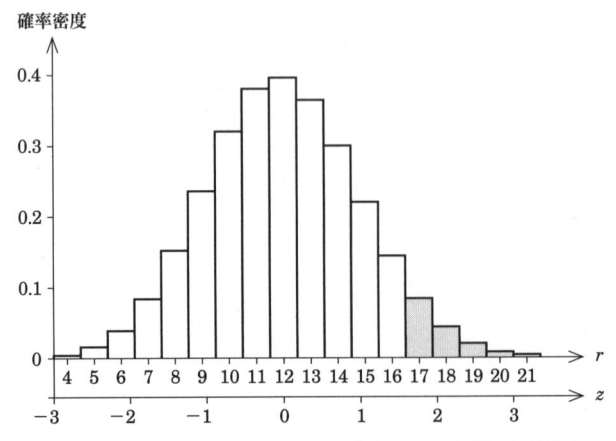

図4-13 変数を標準化した$p=1/3$の二項分布のヒストグラム表示($n=36$)

正規分布が重要である理由

二項分布が正規分布に漸近する結果，比率の分布も当然正規分布に漸近することになる．両分布の相違は観測値の和の分布であるか標本平均の分布であるかの相違にすぎない．前にも書いたように，観測値の和の分布と標本平均の分布は，読み取る際の目盛りを替えさえすればよいだけの，本質的には同一の分布である[4]．

こうした事実の結果として，次章で述べるように，推測統計上の多くの重要な問題が正規分布を使って解けることになる．

つまり，母集団の確率分布そのものは正規分布とは似ても似つかぬベルヌイ分布のような分布であったとしても，そこから派生するいくつかの重要な標本統計量の確率分布はほぼ正規分布とみなしてよいという事実，これが重要なのである[5]．

そこで，統計学において正規分布が重要である理由は，二つあることになる．第一には，身長の分布とか，学力テストの成績の分布とか，規格品の（わずか

---

[4] (12)式で二項分布の確率変数 r を標準化してみせたが，その分母子をともに n で割ることによって，

$$z = \frac{r-np}{\sqrt{npq}} = \frac{\frac{r}{n}-p}{\frac{\sqrt{npq}}{n}} = \frac{\hat{p}-p}{\sqrt{pq/n}}$$

とすることができるから，r を標準化した確率変数 z は，同時に $\hat{p}$ を標準化したものにもなっている．

[5] このことをより定量的に表現すると，つぎのようになる．「およそ母集団の分布がどんなものであっても，その平均が μ，分散が σ^2 であるとき，そこから無作為に抽出された大きさ n の標本の平均値 $\bar{x}$ の確率分布は，n が大きくなればなるほど，平均 μ，分散 σ^2/n の正規分布に近づく．したがって

$$z = \frac{\bar{x}-\mu}{\sigma/\sqrt{n}}$$

の確率分布は，n が大きくなればなるほど標準正規分布に近づく．」

これを**中心極限定理**(central limit theorem)という．

な誤差をともなう）寸法の分布とか，母集団それ自体がほぼ正規分布にしたがうとみられる現象が世の中には多いからである．第二には，母集団の分布が何であれ，いくつかの重要な標本統計量の確率分布がほぼ正規分布になるからである．

世の統計学解説書の中には，この二つの理由の区別をあまり強調していないものが多く，その結果，初学者の多くはこれらを混同している．たとえば，Part 1の図1-1では「ギクシャクしたヒストグラムの背後にはよりなめらかな母集団の分布が存在すると思われる．標本サイズを大きくしてゆけば標本の相対度数分布はそのなめらかな分布に近づくと思われる」という話をしたが，その意味でのギクシャクした分布が平滑化する話と，二項分布が正規分布に漸近する話とは，次元の異なる別々の話である．前者は「相対度数でみれば，標本の度数分布は母集団の度数分布に近づいてゆく」ということであり，行き着く先は母集団の相対度数分布である．図1-1ではそれをたまたま正規分布と想定することが合理的であったが，世の中には所得や資産の分布のように，母集団の相対度数分布そのものは少しも正規分布には似ていないものもある．そのような分布にしたがう現象について，いくら標本サイズを大きくしていっても，正規分布への収束は起こらない．これに対して二項分布や比率の分布は「標本統計量の確率分布」なのであり，標本サイズを大きくしていったときにそれらの行き着く先はけっして母集団の相対度数分布ではない．それどころか，標本平均や標本比率のような確率変数は，究極においては母集団平均や母集団比率という「ただ一点」に収束してしまう性格のものであって，その変貌のありさまは，図4-1においてヒストグラムが「だんだんとがったかたちになる」というのと同じである．

Part 1の初めのほうに述べた「二重の意味での散らばり」との関係でいうと，前者は母集団そのものが散らばりをもって分布しているという「第一の意味での散らばり」に関連している．後者は標本から得られた特性値は誤差を含むという「第二の意味での散らばり」に関連している．

「標本分布」と「標本の度数分布」はまるっきり別の話である！

こうしたまったく別々のことがらについて，しばしば混同が起こるのは，わが国の多くの統計学書が「標本統計量の確率分布」のことを**標本分布**という名で紹介していることも一因になっているように思われる．英語でsampling distributionというのを訳したのであろうが，日本語としてはいかにも「標本の度数分布」のことであるかのような誤解を与える言葉である．

「標本の度数分布」は，たまたまとられた1個の標本について自己完結的に算出されるものであるが，「標本統計量の確率分布」を考察するときには，それとは発想を完全に切り替えて，「現にとられている標本は，とられえた可能性のあるきわめて多くの標本のうち，ただ1個がたまたま実現したものである」ということをつねに念頭に置かねばならない．さらにさかのぼっていえば，「標本」という語についての正しい理解が必要である．何度もいうが，被験者100人からなる標本がとられた場合，標本が100個あるのではなく，標本の個数はあくまで1個なのである．そして，そのたまたまとられた1個の標本の背後には，とられたかもしれない多数の標本（抽出の母体は同じだが別の組み合わせの被験者100人の集合）があると考える，それが推測統計学の思考法の基礎なのである．

正規近似が有効であるための条件

ところで先ほど，二項分布や比率の分布は，nをどんどんふやしていけば，pがどんなに偏った値をとる場合でも，左右対称な正規分布に近づいてゆくということを述べたが，基礎になるベルヌイ分布がもともと左右対称に近いほど，この接近は速く起こる．逆にいえば，pが0.1とか，0.9とかいった偏りの強いベルヌイ分布が出発点に置かれれば，nを少々大きくしてもなかなか非対称性は解消されず，正規分布への接近は遅いのである．実用上は$np > 5$かつ$nq > 5$である場合に正規近似が有効性をもつといわれている．したがってたとえば，$p = 0.2$ならばnが25を超えるぐらいでないと正規近似は有効でなく，$p = 0.1$の場合ならばnが50を超えるぐらいでないと有効でないということで

ある．

【練習問題】

1. ——黒玉3個，白玉2個，赤玉1個の入った袋があるとする．これらの玉は手触りではまったく区別がつかないものとする．袋の中から手探りで1個または複数の玉を取り出して，平均得点を競うゲームがあり，黒玉には1点，白玉には2点，赤玉には3点が配点されているものとする．
   （1） 玉を1個取り出すときの平均得点の確率分布を求めなさい．
   （2） 玉を2個取り出すときの平均得点の確率分布を求めなさい．
   （3） 玉を4個取り出すときの平均得点の確率分布を求めなさい．
   （4） 図4-1と同じ流儀で，上で求めた3種類の確率分布をヒストグラムに描きなさい．

2. ——6人兄弟姉妹からなる家族が64万家族あって，それがひとつの母集団をなしているケースを考えてみる．この母集団の中で，兄弟姉妹のうちの女の子の数が何人であるかの相対度数分布は正確に表2-7にしたがっているとする．したがって，「女の子0人の家族が1万家族」「女の子1人の家族が6万家族」「女の子2人の家族が15万家族」……である．この有限母集団から復元抽出法で大きさ2の標本をとったとき，もしありうる標本をしらみつぶしに調べあげる方法をとったら，観測値の和の確率分布の計算はどのようになるかを，「観測値の和が8」のケースを例にとって解説し，それが結局，確率どうしの積を用いた推論と同じ結果をもたらすことを明らかにしなさい．

3. ——表4-10を導出する過程の計算を，表4-8と同様の縦横の表によって示しなさい．

4. ——確率変数xのとりうる値が0から5までの6個の整数値であって，それぞれをとる確率が1/6ずつという確率分布（離散型の一様分布）を考える．
   （1） この確率分布の標準偏差はいくつか（小数第3位まで）．
   （2） この確率分布にしたがう無限母集団から大きさ4の標本を無作為に抽出したときの，観測値の和の確率分布を求め，その標準偏差を求めなさい（小数第3位まで）．
   （3） 上と同じく大きさ4の標本を無作為に抽出したときの，標本平均の確率分布の標準偏差を求めなさい（小数第3位まで）．

5. ——表4-8において，x_2を，その確率分布の形状は不変に保ったまま，13を中心

にして10から16までの範囲に分布する確率変数へと変更したうえで，$x_1 + x_2$の確率分布を求めなさい．

6. ——前問の中のx_1とx_2を前提としたうえで，新たな確率変数$x_2 - x_1$の確率分布を求めなさい．

7. ——正規分布にしたがう互いに独立な二つの確率変数の和(または差)が再び正規分布にしたがうという法則については，本文に述べたように「二峰性の分布になる」という誤解が非常に多い．この誤解を解くための例話を，本文の「お菓子をもつ子どものグループ」とは別に創作しなさい．

8. ——A国の成人男性の身長は平均170cm，標準偏差5cmの正規分布にしたがい，B国の成人男性の身長は平均179cm，標準偏差6cmの正規分布にしたがっているとする．両国の成人男性を1対1で無作為に組み合わせた場合，A国男性のほうが背の高い組は全体の何%の割合で生じるか(小数第1位まで)．

9. ——ある生徒集団に対して実施された4つの科目の学力テストの成績が，等しい標準偏差をもつ相互に独立な正規分布にしたがっていると仮定した場合，どの科目においても上から10%の順位に相当する成績をあげた生徒は，総合点においては上から何%あたりの順位になるか(小数第1位まで)．

10. ——100本のくじのうち当たりくじが20本含まれているくじ引きの箱があり，一度引いた人が再挑戦するときには，必ず前に引いたくじを箱に戻して，よくかきまぜてから引き直すものとする．

    (1) 「当たり」のとき1，「はずれ」のとき0となる確率変数xを考え，このくじ引きの1回の試行の結果をxの確率分布として示しなさい．

    (2) このくじ引きを3回くりかえしたときの，「当たり」が出る回数rの確率分布を求めなさい．

    (3) このくじ引きを6回くりかえしたときの，「当たり」が出る回数rの確率分布を求めなさい．

    (4) このくじ引きの例を引き合いに出しながら「下手な鉄砲も数撃ちゃ当たる」ということわざの解説をしなさい．

11. ——前問のくじ引きをもっと多数回くりかえした場合について，確率分布そのものは求めなくてよいから，以下の問いに答えなさい．

    (1) 25回くりかえしたときと100回くりかえしたときの，「当たり」が出る回数rの確率分布の，平均と標準偏差を求めなさい．

    (2) 25回くりかえしたときと100回くりかえしたときの，試行回数に占め

る「当たり」回数の比率 $\hat{p}$ の確率分布の，平均と標準偏差を求めなさい．

（3）　上記の $\hat{p}$ の確率分布をヒストグラム表示した場合の概形を，正規分布の密度関数を念頭に置きながら，曲線で表示しなさい．

（4）　このくじ引きの試行回数を無限に大きくしていった場合，上記の $\hat{p}$ の確率分布のヒストグラムはどのように変貌してゆくか．

12. ──骨髄移植は白血病や再生不良性貧血の有力な治療法であるが，成功するためには自分と同じHLA(ヒト白血球型抗原)の型が一致している提供者から骨髄液の提供を受けなければならない．だれでも，自分と同じ両親から生まれた兄弟姉妹とのあいだでは1/4の確率でHLAの型が一致する．自分以外の兄弟姉妹が2人いる場合，その中にHLAの一致する人が少なくとも1人いる確率を求めなさい．同じことを，3人いる場合，4人いる場合，5人いる場合についても求めなさい．

13. ──ある行事の開催予告のビラを1枚受け取った人が会場へ足を運ぶ確率を400分の1とする．主催者が6400枚のビラをまいたときの予想される来場者数を，「68％の確からしさでいえる範囲」および「95％の確からしさでいえる範囲」に分けて答えなさい．14400枚のビラをまいたときについても同様に答えなさい．なお，「68％の確からしさ……」は来場者数の確率分布の「平均値±標準偏差」の範囲，「95％の確からしさ……」は「平均値±2×標準偏差」の範囲と考えて解答すること．

Part 5

推定と検定の論理

内閣支持率の真の値は？

　いま，国政選挙の有権者の中から無作為に抽出された400人にインタビューした結果，内閣「支持」と答えた人が240人いたとしよう．このまま単純に内閣支持率を計算すれば60％となる．が，この数字は「真の支持率」に近いとしても，完全に同じである保証はない．ではいったい「真の支持率」についてはどのように表現したらよいのだろうか？

　この種の問題に答えるのが統計的推定の理論である．

　上の問題を記号的に整理してみると，まず大きさ400の標本がとられているのだから，$n = 400$である．推定の対象となっているのは母集団における真の支持率であり，この未知数(**母集団比率**)をpで表すことにする．データから得られた支持率は標本比率であり，確率変数$\hat{p}$のひとつの実現値であると考えられる．母集団比率pを1から引いたものにも例によって名前をつけてqとする．

　すると，前章の叙述からわかるように，確率変数$\hat{p}$は平均がp，標準偏差が$\sqrt{\dfrac{pq}{n}}$の正規分布にほぼしたがっていると考えられるので，つぎのように変数変換をすると，新変数zはほぼ標準正規分布にしたがっているとみなすことができる．

$$z = \frac{\hat{p} - p}{\sqrt{pq/n}} \tag{1}$$

標準正規分布においては確率変数が-1.96から$+1.96$までの区間に収まる確率が95％であったから，zは95％の確率でつぎの式を満たしているはずだということになる．

$$-1.96 \leq z = \frac{\hat{p} - p}{\sqrt{pq/n}} \leq 1.96 \tag{2}$$

　言い換えれば，確率変数$\hat{p}$は95％の確率で以下の区間に入るということである．

$$p - 1.96\sqrt{\frac{pq}{n}} \leq \hat{p} \leq p + 1.96\sqrt{\frac{pq}{n}} \tag{3}$$

現に得られている$\hat{p}$は0.6 (= 60%) という確定した値であるが，ここで言っているのはその確定値のことではなく，同様の標本抽出を何度も何度もくりかえしたと仮定した場合に，無作為に抽出された標本がたまたまどんな個体を含む標本であったかによって，値が変動しうる可変数としての$\hat{p}$である．そして，「95%の確率で」というのは，そのように何度もくりかえして標本抽出をやったとしたら，20回に1回ぐらいはこの範囲からはみ出す$\hat{p}$が得られるかもしれないが，20回に19回ぐらいは$\hat{p}$はこの範囲に収まるだろうということである．

このことは，裏返していうと，そうした何度もの標本抽出で得られた種々の値をとる$\hat{p}$を中心として，その上下に$\pm 1.96\sqrt{\dfrac{pq}{n}}$の幅をつけた区間を構成してやれば，20回のうち19回ぐらいはその区間は真の支持率であるpを含む区間となる，という意味である．

そこで，先の不等式を逆転させて，

$$\hat{p} - 1.96\sqrt{\dfrac{pq}{n}} \leqq p \leqq \hat{p} + 1.96\sqrt{\dfrac{pq}{n}} \tag{4}$$

と書き直せば，pがこの区間に入る確率は95%だということになる．

ただし，この式はこのままでは実用上は役に立たない．というのは区間の幅を決める標準偏差の部分に未知数のp自身が入っているからだ．この難点を解決するためには，この無理関数を含む不等式をpについて解くという高等な手法も考えられるが，初学者はそこまで厳密なことはしなくてよい．標準偏差を決めるpとqの代用品として，既知数である$\hat{p}$とそれを1から引いた値である$\hat{q}$を用い，

$$\hat{p} - 1.96\sqrt{\dfrac{\hat{p}\hat{q}}{n}} \leqq p \leqq \hat{p} + 1.96\sqrt{\dfrac{\hat{p}\hat{q}}{n}} \tag{5}$$

とすることで，未知数の値を推定するのに未知数自身が要るというジレンマを回避することにしよう．pqと$\hat{p}\hat{q}$の相違は通常さほど大きくないので，このような便法を用いても，さほど問題は起こらない．例の内閣支持率の問題にこれを適用すると，

$$\sqrt{\frac{\hat{p}\hat{q}}{n}} = \sqrt{\frac{0.6 \times 0.4}{400}} = \frac{\sqrt{0.24}}{20} \fallingdotseq \frac{0.49}{20} = 0.0245$$

であるため，これの1.96倍は約0.048，つまり約4.8％となり，「真実のpはこの範囲に存在する」と95％の確からしさで推定できる区間(信頼係数95％の**信頼区間**，confidence interval)は

$$55.2\% \leq p \leq 64.8\% \tag{6}$$

ということになる($p = 60 \pm 4.8\%$という書き方をすることもある)．

このような推定法を**区間推定**(interval estimation)という．これに対して推定値を1個の数値だけで表現するのを**点推定**(point estimation)というが，その場合にはpの推定値としては単純に$\hat{p}$を挙げればよい．なぜなら確率変数$\hat{p}$の平均値はp自身であるという意味で，$\hat{p}$はpに対する最も偏りのない推定量になっているからである(このように，母集団の何らかの特性値を推定するのに，確率分布の平均がちょうど当の推定対象になるような標本統計量をもってするとき，その標本統計量を**不偏推定量**(unbiased estimator)という)．

なお，$\hat{p}\hat{q}$という積は0.5×0.5になるときに最大値をとり，0.25となる．その平方根は0.5である．0.6×0.4や0.7×0.3のときはそれよりやや小さい値になる．そして1.96は約2であることも考慮に入れると，

$$1.96\sqrt{\frac{\hat{p}\hat{q}}{n}} \leq \frac{2 \times 0.5}{\sqrt{n}} = \frac{1}{\sqrt{n}} \tag{7}$$

という式が誤差の目安を与えてくれる．$n = 400$という規模の調査で母集団比率を推定する際には，

$$\frac{1}{\sqrt{n}} = \frac{1}{20} = 0.05 \tag{8}$$

により，上下5％程度の誤差は覚悟しておかねばならないということになる．$n = 100$の場合には，上下10％程度の誤差を覚悟する必要がある．誤差を上下1％以内に抑えたければ$n = 10000$程度の標本サイズが必要ということになる．

珍しさの程度をどう測るか

いま，サイコロを振って1または2の目が出たときには「ヒット」と呼び，それ以外の目が出たときは「アウト」と呼ぶゲームがあったとする．サイコロは偏りなく作られていて，各々の目の出る確率は6分の1だとすると，このゲームの1回の試行ごとに「ヒット」が出る確率は3分の1なので，それをn回くりかえしたときに何回「ヒット」が出るかの確率分布は，前章で図4-9～図4-13に図示した二項分布にほかならない．

いま，「私には念力があるから1または2の目が出るように強く念じて振れば，その効果が現れるのだ」と主張するAさんという人がやってきて，このサイコロ振りゲームに参加したとする．そして36回のチャンスを与えられて，うち17回のヒットを出したとする．平均は12回であるから，17回というのはそれに比べて相当に高い．Aさんには本当に何か特別な超能力があって，普通人がやれば3回に1回の割合でしか出ないはずのヒットが，この人にかぎっては本来的に3分の1より高い確率で出せるのではないかと，信じたくなる人もいるであろう．

このような場合，36回中17回のヒットという結果が，そのような信用に値するだけの珍しいことと言えるかどうか，確率論的に検討するのが，**統計的仮説**(statistical hypothesis)の**検定**(test)である．

ここでテーマになっているのは「その人の主張する念力なるものが，本当に存在する」との仮説であるが，こういう場合，統計的検定にあたっては，**それを否定する仮説をまず立ててみる**．「この人の場合でも，普通人の場合と同じく，1回ごとの試行でヒットを出せる確率はあくまで3分の1しかないのだ」という仮説である．あるかもしれない差を「無し」と仮定する仮説であるため，これを**帰無仮説**(null hypothesis)という．

それに対して「主張を肯定する側の仮説」を**対立仮説**(alternative hypothesis)というが，この場合の対立仮説は「この人の場合にかぎってはpが3分の1よりも高い」という仮説である．

そうしておいたうえで，「帰無仮説が正しいという前提のもとでは，観察さ

れたような珍しい現象はどのくらいの確率で起こるか」を検討する（逆の「対立仮説が正しいという前提のもとでは……」という議論は，通常は省略する）．その確率が小さければ小さいほど，帰無仮説が誤っていて対立仮説のほうが正しい可能性が高くなる．そこで，「上記の確率が5％以下のときに帰無仮説を**棄却**(reject)して対立仮説を**受容**(accept)する」とか，「上記の確率が1％以下のときに帰無仮説を**棄却**して対立仮説を**受容**する」とか，判断の基準をあらかじめ決めておく．約束事として決めておくこの確率のことを**有意水準**(level of significance)という．

さて，$p=1/3$という前提の下で「36回中17回のヒット」が起こる確率は，二項分布の公式で計算できて，0.030031，つまり約3％である．それは前章の図4-13に出てくるヒストグラムでの，右から5番目の柱の面積でもある．

この場合，有意水準5％では帰無仮説は棄却されるのか？

しかし，珍しさの程度をこのようにrが特定の値をとる1本の柱の面積だけで測るのは矛盾があるということが，少し考えるとわかってくる．早い話が，この種の二項分布では，$p=1/3$という帰無仮説のもとで最も起こりやすい標準的な結果は，試行回数が何回の場合であってもその3分の1の回数，つまり，$n=360$なら$r=120$，$n=3600$なら$r=1200$であるが，それらの回数が「ぴったりと」起こる確率は，nが大きくなるほど小さくなり，極限においては無限小になってしまう．最も起こりやすい結果でさえ，1本の柱の面積としてとらえたら無限小になってしまうのだから，ましてや周辺部分の，起こりにくそうな結果については，なおさらである．

ここで実質的に問題になっているのは，結果が$r=12$の近辺の，右側にせいいっぱいずれても$r=16$までという（帰無仮説側に有利な）ありふれた範囲に入らず，より起こりにくい現象のグループのほうに入ったという事実なのである．しかも対立仮説の側に有利な「起こりにくい現象」は$r=17$だけにかぎったものではなく，$r=18$でも$r=19$でもよいのである．だから，「ありふれた」に対立する「より起こりにくい」は，この場合，「rが17以上」としてとらえるのが正しい．

このように，ある線を境に左側か右側かというふうにヒストグラムを2分割して，「起こりにくさ」の程度は境界線の右側の面積全体で考えることにすれば，試行回数が360回になろうと3600回になろうと，それによるヒストグラムの個々の柱の面積の縮小には影響されることなく，同じ論法で問題を処理できることになる．

　結論的には $r = 17$ という結果が属する「珍しい現象」のグループの「起こりにくさ」の程度を表現する確率は，図4-13の影をつけた柱全体の面積（$r \geq 22$ のところにも本当は目に見えないほどの柱がある）に等しくなり，それを計算すると0.05838，つまり約5.8％となる．したがって，$r = 17$ という結果のもつ「珍しさ」は，帰無仮説が真であるとの仮定のもとでも20回に1回よりやや多い割合で起こる程度の「珍しさ」なのであって，有意水準5％では帰無仮説は棄却されないということになる．

二項分布の正規近似

　なお，この例のように $n = 36$ ぐらいになると，二項分布の確率を公式にもとづいて正直に計算するのはかなり困難になってくる．一方，図をみればわかるようにこの二項分布はもうかなり正規分布に近い．そこで，前章で紹介したように

$$z = \frac{z - np}{\sqrt{npq}} \tag{9}$$

という変数変換を行って，標準正規分布の数表にあてはめることで，二項分布の確率を近似的に知る方法が広く行われている．

　その際，離散的確率分布である二項分布を連続的確率分布である正規分布で近似することにともなう多少の問題に配慮しなければならない．それは，図4-13からわかるように，離散的確率変数の r が17以上の値をとるということは，連続的確率変数でいえば16.5以上の値をとることに相当するということだ．

　そこで $r = 16.5$ を z に直してつぎの値を求める．

$$z = \frac{16.5 - 36 \times \frac{1}{3}}{\sqrt{36 \times \frac{1}{3} \times \frac{2}{3}}} = \frac{4.5}{2\sqrt{2}} = \frac{9\sqrt{2}}{8} \fallingdotseq 1.59 \tag{10}$$

標準正規分布の確率変数zがこの値以上になる確率を求めると,それが$r \geqq 17$の柱の総面積にほぼ対応することになる.数表によればそれは0.055917,つまり約5.6％である.二項分布の公式で求めたのとほぼ同じ値であり,やはり帰無仮説は棄却されないという結論になる.

同じ一割増しでも確率論的意味は大違い

同じサイコロ振りゲームの話をいましばらく続けよう.

試行回数をもっと多くして,450回にした場合を考える.確率pどおりに目が出た場合のヒットの回数(**期待度数**という)は150回であるが,Aさんがゲームをしたらそれより一割多い165回だけのヒットが出たとする.このAさんには何か特殊な能力があると考えてよいだろうか？

このくらいnが多くなると,二項分布の公式による計算はもう不可能といってよいので,最初から正規近似で問題に挑むことになる.また,先の場合の17回を16.5回に修正して確率を求めた**不連続補正**という作業も,このくらいnが多いときには,気にしなくてよくなるので,単純につぎのようにして$r = 165$に対応するzの値を求めればよい.

$$z = \frac{165 - 150}{\sqrt{450 \times \frac{1}{3} \times \frac{2}{3}}} = \frac{15}{\sqrt{100}} = \frac{15}{10} = 1.5 \tag{11}$$

こうした計算の結果を用いて検定を行う場合,算出されたzの値に対応する標準正規分布の上側確率をいちいち求めるよりも,z自身を1.64および2.33という節目の数値と比較することで手っ取り早く結論を出すことのほうが好まれる.1.64は標準正規分布の上側5％点,つまりzがこれ以上の値をとる確率は5％という点である.2.33は同じく標準正規分布の上側1％点で,zがこれ以上の値をとる確率は1％である.

上の場合，$z = 1.5$ であるから，z は上側5％点まで達していない．つまり，この程度のことは帰無仮説のもとでも5％より大きい確率で生じるから，有意水準を5％というゆるやかなレベルに設定しても，帰無仮説は棄却できないという結論になる．Aさんに何か特殊な能力があるとは言いがたいということである．

つぎに，試行回数をその4倍の1800回にしたとき，期待度数は600回なのに，Aさんは660回のヒットを出したとする．期待度数の一割増しという点では先の150回に対する165回と同じであるが，統計的検定の立場からはこの結果はどう評価されるのだろうか？

この場合の $r = 660$ に対する z の値はつぎのように求められる．

$$z = \frac{660-600}{\sqrt{1800 \times \frac{1}{3} \times \frac{2}{3}}} = \frac{60}{\sqrt{400}} = \frac{60}{20} = 3 \tag{12}$$

この値は1.64はもとより2.33をも超えているから，帰無仮説のもとで z がこのような値をとる確率は1％よりも小さいことになり，有意水準を1％という厳しいレベルに設定したとしても，なおかつ帰無仮説は棄却されることになる．つまり，Aさんには何か特殊な能力があると言ってかまわないことになる．

同じく期待度数の一割増しであっても，このように多数回試行したうえでの一割増しだと，試行回数が少ないときの一割増しとはまったくその意義が違ってくるというのは，たいへん興味深いことである．

もっとも，この話を読んで「それでAさんの主張を肯定するのは，甘すぎる」と不満をもつ読者もいるであろう．「これはむしろ，Aさんの能力うんぬんの問題ではなく，サイコロ自体にイカサマの仕掛けがある疑いが強まったと解すべき性格の問題ではないか」と．確かにそういう見方もできる．帰無仮説が棄却されたことがただちに「Aさんに超能力あり」との結論に結びつくのは，サイコロ自体は偏りなく作られていることを前提にした場合の話であって，サイコロ自体にイカサマの仕掛けがあったのなら，話はまったく別である．

ではどうすればよいか？

この問題を立てるにあたっては「サイコロ自体は偏りなく作られている」ということを前提に置き，それゆえにヒットの出る確率は本来的に3分の1であるはずだと考えたのであるが，「意図的に偏った作り方をしたのでないかぎり，サイコロの各々の目が出る確率は6分の1ずつだ」という命題自体，ある種の先験的命題である．悪意で仕掛けをしたのではなくても，当のサイコロのほんの少しのゆがみのせいで，ヒットの確率は3分の1ではなく30分の11とか30分の12とかになっているということだって考えられる．そうかどうかは経験的に確かめる以外に確かめようのないことである．

　したがって，先験的な仮定をもち込まずに，経験世界の中だけでこの問題を処理しようと思うなら，同じサイコロを「念力」など主張しない普通人にも振らせてみて，それとAさんの場合とを比較して，両者の出した結果に「有意な差」があるかどうかというレベルで検定を行うべきなのである．そのようにすれば，先験的な確率はどこにももち込まずにすむ．その統計処理のやり方は，じつはこのすぐあとに出てくる治験の問題の場合と同じになる．

新薬が効いているかどうかの検定

　さて，本書の叙述も終わりに近づいてきたが，ここでいよいよPart 1の表1-1に掲げた治験の問題，つまり新薬や新しい治療法が臨床的に試された場合の結果をどのように評価するかの問題に取り組むことにしよう．これまでの知識を総動員することで，この問題には明快な答えを提供することができるのだ．

　表1-1に掲げたのは数値例だったが，これをより一般的に記号で書けば表5-1のようになる．治験群の人数はn_1人で，そのうちa人が治癒した．対照群

表5-1　新薬治験データの一般型

	治癒した	治癒せず	合　計
治験群	a	b	$a+b=n_1$
対照群	c	d	$c+d=n_2$
合　計	$a+c$	$b+d$	$a+b+c+d$ $=n_1+n_2=n$

の人数は n_2 人で，そのうち c 人が治癒した．その比率（治癒率）は確かに前者のほうが高かったとする．しかし，後者の治癒率もかなり前者に接近しているという状況下では，治癒率の差は標本誤差の範囲内のものという疑いも捨てきれない．そこをどう評価するかが問題なのだ．

ここで，つぎのような簡潔な記号を用いることにしよう．

$$\hat{p}_1 = \frac{a}{n_1}, \qquad \hat{p}_2 = \frac{c}{n_2}, \qquad p = \frac{a+c}{n}, \qquad q = 1 - p$$

治験群の治癒率 $\hat{p}_1$ は比率の一種であるが，その背後には，もしこの新しい療法を用いた患者をくまなく調べつくしたら得られるであろう「真の治癒率」p_1 があり，$\hat{p}_1$ はその治癒率をもつ（ベルヌイ分布にしたがう）無限母集団から抽出された大きさ n_1 の標本について観測された標本平均なのだと解釈できる．対照群の治癒率 $\hat{p}_2$ もまた，その背後に，もし在来の療法を用いた患者をくまなく調べつくしたら得られるであろう「真の治癒率」p_2 を背負っており，$\hat{p}_2$ はその治癒率をもつ（ベルヌイ分布にしたがう）無限母集団から抽出された大きさ n_2 の標本について観測された標本平均なのだと解釈できる．

これらの比率は観測結果だけをみれば一定の数値となっているが，本質的には確率変数であり，それぞれの確率分布をもっている．

すなわち，$\hat{p}_1$ は平均が p_1，分散が $\dfrac{p_1 q_1}{n_1}$ であるような比率の分布にしたがっており，それはほぼ正規分布とみなしてよい（ただし $q_1 = 1 - p_1$ である）．

$\hat{p}_2$ もまた平均が p_2，分散が $\dfrac{p_2 q_2}{n_2}$ であるような比率の分布にしたがっており，それもまたほぼ正規分布とみなしてよい（ただし $q_2 = 1 - p_2$ である）．

ここで新たに治験群と対照群における治癒率の差である $\hat{p}_1 - \hat{p}_2$ という確率変数を考えてみる．これは正規分布にしたがう互いに独立な二つの確率変数の差であるから，それ自体が再び正規分布にしたがい（このことを理解しにくい人は男女の身長差のモデルを思い出すこと！），その平均は $p_1 - p_2$ で，分散は $\dfrac{p_1 q_1}{n_1} + \dfrac{p_2 q_2}{n_2}$ となるはずである．

ここで,「両群の治癒率は,標本においては差が出たが,じつは母集団においてはまったく差がなくて,$p_1 = p_2$なのだ」という帰無仮説を立ててみる.さらに,その「差のない治癒率」は,現に観測されている両群あわせての全体の治癒率であるpに一致しているのだという仮説も追加しておく.

　そうすると,これらの仮説にもとでは,確率変数$\hat{p}_1 - \hat{p}_2$がしたがう確率分布は,平均が0で分散が

$$\sigma^2 = \frac{pq}{n_1} + \frac{pq}{n_2} = pq\left(\frac{1}{n_1} + \frac{1}{n_2}\right) \tag{13}$$

の(ほぼ)正規分布になるはずである.標準偏差は分散の平方根であるから

$$\sigma = \sqrt{pq\left(\frac{1}{n_1} + \frac{1}{n_2}\right)} \tag{14}$$

となる.これらを用いて,確率変数を標準化したzをつぎのように定義する.

$$z = \frac{(\hat{p}_1 - \hat{p}_2) - 0}{\sqrt{pq\left(\frac{1}{n_1} + \frac{1}{n_2}\right)}} = \frac{\hat{p}_1 - \hat{p}_2}{\sqrt{pq\left(\frac{1}{n_1} + \frac{1}{n_2}\right)}} \tag{15}$$

このzは標準正規分布にしたがうと考えられるので,これが1.64を超えているときに有意水準5%で帰無仮説は棄却され「治癒率に差がある」と判定できる.さらに,2.33を超えていれば有意水準1%でも「治癒率に差がある」と判定できることになる.

　このzは,表5-1の中の記号を用いて書き直すと

$$z = \frac{\sqrt{n}(ad - bc)}{\sqrt{(a+b)(c+d)(a+c)(b+d)}} \tag{16}$$

となることが知られており,実用上はこの式のほうが便利である.

　この式を用いて計算すると,表1-1の場合の数値例では$z = 1.512$となる.1.64に足りないので,あの程度の治癒率の差では有意水準5%のレベルでもまだ「有意な差がある」とは判定できないという結論になる.同じく治験群の中での治癒率が60%であっても,表5-2のように治験群の標本サイズそのものが大きいときには$z = 1.752$となって,一応は「有意差がある」と判定するこ

とができる．それでもまだ有意水準1％のレベルでの有意差とはいえないのである．

表5-2 新薬治験データの一例

	治癒した	治癒せず	合　計
治験群	240	160	400
対照群	105	95	200
合　計	345	255	600

おわりに

　統計的検定における有意水準というのは，別の言い方をすれば「本当は差がないにもかかわらず(つまり帰無仮説のほうが成り立っているにもかかわらず)『差がある』という誤った判定をしてしまう危険率」のことである．有意水準5％ぎりぎりのラインで「有意差あり」との判定を下した場合には，その判定には5％程度の危険がともなっているわけである．したがって，ことが安全性の問題にかかわっているような場合には，有意水準はずっと低く設定する必要があるわけで，0.1％やそれ以下に設定される場合もある．

　どういうテーマの場合にどういう有意水準を設定するべきかは社会的合意の問題であり，統計学自体の問題ではない．しかし，その種の議論の資料となる数字がどのような考察方法に立ち，どのような手続きで作られているのかを概略だけでも知っておくことは，議論に参加するうえでけっして無駄ではないであろう．

　その意味で，縁あって本書を読まれた読者は，たとえ仕事に直接統計を使う機会は少ないとしても，折に触れて本書を参照し直すことで，統計的な議論の基本的な筋道を誤りなくフォローできる力を身につけていただきたい．

　また，統計的思考に慣れ，数字を読み取る勘を養うためには，実例に多く触れることが近道である．Part3で「ゲタと天気」を取り上げた際，必ずしも期待度数どおり(表3-3のような)でない若干のぶれを含んだ数値であっても，二

変量は互いに独立だと多くの人が常識的に感じる許容範囲のようなものがあるということに触れた．そこでテーマとなっていたのは2行2列のクロス集計表であったから，どのくらいのずれならば許容範囲といってよいかの問題は，最後に学んだ治験の問題と同じ方法で処理できる．幸いにして，2行2列のクロス集計表を作って，その中の数値を変えるごとに先の標本統計量zが自動再計算されるようなワークシートを作ることは，パソコンの表計算ソフトの初歩の知識がありさえすればできることである．読者はぜひそれを自分で作り，いろいろな数値を代入してみて，自分の直感と客観的な統計学の判定とがどの程度合致するかを試してみていただきたい．

【練習問題】

1. ——国政選挙の有権者の中から無作為に抽出された240人にインタビューした結果，内閣「支持」と答えた人が96人いた．有権者全体の中での内閣支持率を信頼係数95％で区間推定しなさい．
2. ——別の時期に上と同様の調査をして，840人のうち588人が「支持」と答えた．有権者全体の中での内閣支持率を信頼係数95％で区間推定しなさい．
3. ——内閣支持率の調査において，信頼係数95％の信頼区間の幅を点推定値の上下2.5％以内に抑えたかったら，標本サイズnはどのくらいに設定するべきか．
4. ——つぎの意見を批評しなさい．「内閣支持率の調査などというものは，あてにならない．有権者は数千万人いるのに，そのごく一部でしかない数百人程度の人を調べて結果を出しているからだ．もしも有権者が1500人しかいないのなら，そのうち500人も調べれば全体の3分の1を調べたことになり，ある程度は全体の傾向を反映した結果が出ると期待できるが，有権者が9000万人いるとしたら，同じ程度の確からしさで結果を出すには，3000万人ぐらいを調べなければならないだろう．数百人などというのは話にならない．」
5. ——前シーズンの実績から実力では打率3割と評価されている野球選手が，今シーズンは最初の50打数のうち安打を12本しか打てていないとする（打率2割4分）．不連続補正をともなう二項分布の正規近似を用いて，この選手の実力は下がったと判定してよいかを，有意水準5％と1％の二つの水準で論じ

6. ——前問と同じ野球選手が，シーズン中盤に入って200打数に達したとき，依然として安打を48本しか打っていないとする(打率2割4分)．前問と同様の方法で，この選手の実力は下がったと判定してよいかを論じなさい．

7. ——「私は念力でサイコロの1の目を多く出すことができる」と主張する人が，偏りなく作られているサイコロを振って，2880回の試行のうち525回，1の目を出したとする．「この人には主張するとおりの念力がある」といってよいかどうかを，有意水準5％と1％の二つの水準で論じなさい．不連続補正は行わなくてよい．

8. ——本文の(15)式から(16)式を導き出しなさい．

9. ——ある新しい治療法の効果を試すために，同じ症状の患者のうち，在来の治療法を施されたグループAと，新治療法を施されたグループBとを比較した．グループAでは356人のうち85人が治癒し，グループBでは205人のうち70人が治癒した．新治療法は在来の治療法よりも治癒率を高めると判定してよいかを，有意水準5％と1％の二つの水準で論じなさい．

10. ——死刑廃止論への賛否を無作為に抽出された男性123人と女性158人に質問した．男性では56人が賛成し，女性では90人が賛成した．女性は男性よりも死刑廃止に積極的だと判定してよいかを，有意水準5％と1％の二つの水準で論じなさい．

11. ——本文の(13)式においてpqは最大限0.25という値をとることを勘案しながら，「比率の差」という確率変数の分布の標準偏差を0.05 ($=5％$)以下に抑えるためには，標本サイズをどのように選ぶべきかを考察しよう．

    （1） $\dfrac{1}{n_1}+\dfrac{1}{n_2}$ が満たすべき不等式を求めなさい．

    （2） $n_1 n_2$平面の第Ⅰ象限の中で，上で求めた不等式を満たす領域を図示しなさい．

    （3） n_1が200, 150, 120のときのそれぞれについて，n_2をいくつ以上にしなければならないかを答えなさい．

練習問題解答

Part 2

1. （1） 3分の1倍したうえで，度数の目盛に合わせる．
   （2） 度数の目盛の数値を5で割った数を同じ高さに対応させる．たとえば度数で50の高さに「度数の密度」10の目盛をつける．
   （3） 度数の目盛の数値を1500で割った数を同じ高さに対応させる．たとえば度数で45の高さに「相対度数の密度」0.03の目盛をつける．
   （4） 略
2. 標本A：平均値 $= 473.7$，メディアン $= 458.6$
   標本B：平均値 $= 333.6$，メディアン $= 277.3$
3. 平均値のほうが大きい．これらの分布では右にとび離れた値をもつ少数の個体があるのが一般だから．
4. $\bar{x} = 5$, $\quad \sigma_x = \sqrt{8} = 2.828$
   $\bar{y} = 6$, $\quad \sigma_y = \sqrt{10} = 3.162$
   $\bar{z} = 10$, $\quad \sigma_z = \sqrt{5} = 2.236$
5. 絶対的水準が大きな数値をとるゾウの体重のほうが標準偏差も大きいのは自明のことで，最初から答えは決まっている．比較を有意義なものにしたければ標準偏差を平均値で割った新たな指標を定義し，それを絶対的水準の異なるグループ間でばらつきの大小を比較する際の尺度と考えるのがよい．実際にそのような指標が用いられることがあり，それを**変動係数**(coefficient of variation)と呼ぶ．また，ゾウの体重もネズミの体重もともに対数をとったものを新たな変量として，その新変量の標準偏差どうしを比べるなら，意味のある比較になる．なぜなら，対数をとった場合には
$$\log x_2 - \log x_1 = \log \frac{x_2}{x_1}, \quad \log y_2 - \log y_1 = \log \frac{y_2}{y_1}$$
という式からわかるように，1トンと2トンの隔たりも，10グラムと20グラムの隔たりも，比が同じであるかぎり同等な評価を受けるからである．
6. 平均値 $= 3$，標準偏差 $= \sqrt{\dfrac{3}{2}} = \dfrac{\sqrt{6}}{2} = 1.225$

7. （1） $x = 2.5 \to z = -0.41$
    $x = 3.5 \to z = 0.41$
    $x = 4.5 \to z = 1.22$
    $x = 5.5 \to z = 2.04$

   （2）
区間	ヒストグラムの柱の面積	正規分布のグラフの下の面積
$2.5 \leq x \leq 3.5$	0.313	0.318
$3.5 \leq x \leq 4.5$	0.234	0.230
$4.5 \leq x \leq 5.5$	0.094	0.091
$5.5 \leq x$	0.016	0.021

8. 順位100位は偏差値73.3，順位500位は偏差値66.4

9. 四分位偏差 $= 152.1$（ちなみに第1四分位は247.1，第3四分位は551.3）

Part 3

1. 略
2. 略
3. （1） $r = -0.783$　　散布図は略
   （2） $a = 7.82$，$b = -0.47$，$R^2 = 0.614$
   （3） 略
4. （1） $r = -0.683$　　散布図は略
   （2） $a = 2.54$，$b = 0.41$，$R^2 = 0.467$
   （3） 略
5. $\eta = 0.417$
6. $\eta = 0.658$
7. 表の中の数字の並びが「円環状」「∪字状」「∩字状」「⊂字状」「⊃字状」になるものなどがこれに相当する．

Part 4

1. （1）

平均得点	確率
1	3/6
2	2/6
3	1/6

（2）

平均得点	確率
1	3/15
1.5	6/15
2	4/15
2.5	2/15

（3）

平均得点	確率
1.25	2/15
1.5	4/15
1.75	6/15
2	3/15

（4）略

2. 母集団に属する個体（この場合は家族）は64万個あって，それぞれが別々のものであるから，これに整理番号をつければ1番から64万番までになる．かりに第17608番と第534924番とが同じく「女の子の数2人」という同一の属性をもっていても，個体としては別々のものである．だから「女の子の数2人」という属性をもつ個体15万個はすべて別々のものとみなければならない．同様に「女の子の数6人」という属性をもつ個体1万個もすべて別々のものとみなければならない．したがって，$x_1=2$，$x_2=6$という観測値の組み合わせは，個体の組み合わせとしては15万×1万 = 15億通りの組み合わせにおいて起こりうる．同様の考察をすると，$x_1=3$，$x_2=5$という観測値の組み合わせを生じる個体の組み合わせは120億通り，$x_1=4$，$x_2=4$という観測値の組み合わせを生じる個体の組み合わせは225億通り，$x_1=5$，$x_2=3$という観測値の組み合わせを生じる個体の組み合わせは120億通り，$x_1=6$，$x_2=2$という観測値の組み合わせを生じる個体の組み合わせは15億通り存在する．これらを総計すると，観測値の和が8になる個体の組み合わせは（取り出すときの順番が異なれば別の組み合わせと勘定することにして）495億通りあることになる．そして，「第1回目の抽出で取り出される個体が何で，第2回目の抽出で取り出される個体が何であるか」の全体の組み合わせは64万×64万 = 4096億通りある．それらのひとつひとつが起こる機会は等しいと考えられるので，もし観測値の和が8になる確率を求めたければ，495億を4096億で割ればよい．確率の積の計算によって観測値の和が8になるケースの確率を求めた表4-8の計算は，これとまったく同じことを，あらかじめ64万で割った数どうしの掛け算へと変更することによって，最後の4096億で割る計算をなしですますようにしたものにほかならない．したがって，当然同じ結果がもたらされるのである．

なお，復元抽出法で選び出される個体の組み合わせについての場合の数を考察する際には，抽出の順序が異なるABとBAは別々の「場合」と考える．同一個体が重複して

抽出されるAAやBBとの釣り合い上，そのように考える必要があるからである．たとえば硬貨を続けて2回投げたとき，「表だけ」や「裏だけ」は4回に1回程度しか起こらないのに対して，「表と裏との組み合わせ」になるケースは2回に1回程度起こるが，これは「表裏」という順番の出方と「裏表」という順番の出方を別々の「場合」と考えて区別することで，初めてうまく説明できる．これに対して，非復元抽出について考察した表4-2や表4-4や表4-6において，選び出される順番の違いについて考慮に入れなかったのは，かりに順番の違う選び出され方を別々の「場合」として数えたとしても，各組み合わせに均等に倍率がかかるだけで，確率の計算結果は変わらないからである．たとえば表2-2の10通りの「玉の組み合わせ」は，順番を考慮すれば各場合が均等に2通りずつに分かれるだけである．表4-4の10通りの「玉の組み合わせ」は，順番を考慮すれば各場合が均等に6通りずつに分かれるだけである．表4-6の5通りの「玉の組み合わせ」は，順番を考慮すれば各場合が均等に24通りずつに分かれるだけである．

3. 略

4. （1） 標準偏差 $= \dfrac{\sqrt{105}}{6} = 1.708$

   （2） 観測値の和 $x_1+x_2+x_3+x_4$ は0から20までの値をとり，その確率分布は値10の点を中心として左右対称．表にすれば以下のとおり（なお，この確率分布はヒストグラムに描いてみればわかるように，きわめて正規分布に近い．一様分布にしたがう母集団からとられた無作為標本の観測値の和の確率分布は，標本サイズ n がかなり小さいうちから，速やかに正規分布に接近してゆくということが，これでわかる）．

観測値の和	確率	観測値の和	確率
0	1/1296	6	80/1296
1	4/1296	7	104/1296
2	10/1296	8	125/1296
3	20/1296	9	140/1296
4	35/1296	10	146/1296
5	56/1296	11	140/1296

   （これ以降は対称性によって容易に求められるので省略）

   $$標準偏差 = \dfrac{\sqrt{105}}{3} = 3.416$$

   （3） 標準偏差 $= \dfrac{\sqrt{105}}{12} = 0.854$

5. x_1+x_2 は10から22までの範囲に分布するが，その確率分布の数値の並びは表4-9にあるものとまったく同じ．

6. $x_2 - x_1$ は4から16までの範囲に分布するが，その確率分布の数値の並びは表4-9にあるものとまったく同じ．
7. 略
8. 12.5％
9. 標準正規分布の上側10％点は$z = 1.28$であるから，4科目共通の標準偏差をσとすると，この生徒はどの科目でも平均より1.28σだけ高い成績をあげている．よって総合点では全員の平均よりも5.12σだけ高い．一方，4科目総合点の分布の分散は$4\sigma^2$であり，標準偏差は2σ．よって，この生徒の総合点は総合点の分布の中で「平均＋2.56×標準偏差」という位置を占めている．このことから，順位は上から約0.5％．

10. （1）

xの値	確率
0	4/5
1	1/5

（2）

観測値の和	確率
0	64/125
1	48/125
2	12/125
3	1/125

（3）

観測値の和	確率
0	4096/15625
1	6144/15625
2	3840/15625
3	1280/15625
4	240/15625
5	24/15625
6	1/15625

（4）試行回数をnとしたとき，「そのうち少なくとも1回当たる」という確率は，「n回続けてはずれる」という確率を1から引いたものであり，後者の確率はこの例の場合，4/5をn乗したものになっている．4/5はかなり1に近い数であるが，累乗すれば着実に小さくなってゆくから，1からそれを引いた数は，nを増やすほど着実に増加してゆく．つまり，1回ごとでははずれる確率の高いことがらであっても，何度も連続してはずれ続けるという確率は，回数を多くすれば小さくすることができる．逆に，1回ごとでは当たる確率の低いことがらであっても，何度もくりかえしたうちの「少なくとも1回は当たる」という確率は，回数を多くすれば高めることができる．この数学的真理が「下手な鉄砲も数撃ちゃ当たる」ということわざになっているのである．

11. （1）25回試行のとき：平均 $= 5$，標準偏差 $= 2$
    100回試行のとき：平均 $= 20$，標準偏差 $= 4$
  （2）25回試行のとき：平均 $= 1/5 (= 20\%)$，標準偏差 $= 2/25 (= 8\%)$
    100回試行のとき：平均 $= 1/5 (= 20\%)$，標準偏差 $= 1/25 (= 4\%)$
  （3）ともに$\hat{p} = 1/5$の場所に頂点をもつ釣鐘型のグラフで，グラフの下の面積は同じだが，$n = 100$のときのグラフのほうが幅が半分で高さが2倍である．$n = 100$のときのグラフが$n = 25$のときのグラフの中央部を下から突き破って上に突出する

かたちとなる．
(4) つねに $\hat{p}=1/5$ の場所に頂点をもちつつ，試行回数の増大につれて幅は縮小し，高さはそれに反比例して高まってゆく．極限においては $\hat{p}=1/5$ の一点の上に直立する高さ無限大のグラフになる．

12. 兄弟姉妹が n 人いるときの当該確率 $P(n)$ は

$$P(n) = 1 - \left(\frac{3}{4}\right)^n$$

で求められ，以下のとおり．

兄弟姉妹の数	求める確率	
2人	7/16	($\fallingdotseq 44\%$)
3人	37/64	($\fallingdotseq 58\%$)
4人	175/256	($\fallingdotseq 68\%$)
5人	781/1024	($\fallingdotseq 76\%$)

なお，これでわかるように，兄弟姉妹1人につき1/4の確率でHLAが一致する可能性があっても，「4人の兄弟姉妹がいれば，そのうちのだれかとは必ず合うはずだ」とはいえないのである．

13. 6400枚のビラをまいたとき

68％の確からしさでいえる範囲：12人〜20人

95％の確からしさでいえる範囲：8人〜24人

14400枚のビラをまいたとき

68％の確からしさでいえる範囲：30人〜42人

95％の確からしさでいえる範囲：24人〜48人

Part 5

1. $33.8\% \leq p \leq 46.2\%$
2. $66.9\% \leq p \leq 73.1\%$
3. $n \geq 1600$
4. この主張の主は，内閣支持率の推定の精度は母集団のサイズNに対する標本サイズnの比に依存し，分数n/Nを大きくしなければ精度は上がらないと考えている．しかしこれは誤りで，標本抽出の無作為性が確保されているかぎり，本文の(7)式からわかるように，nを増大させれば信頼区間の幅は着実に狭まってゆくのであり，Nはその精度の決定には基本的に関与していない．精度を増すために数百とか数千とかの数に設定したnが，Nに対しては取るに足らないほど小さな数であったとしても，それはかまわないのである．
5. $z = -0.77$であり，有意水準1%はもとより5%でも，実力が下がったとは判定できない．
6. $z = -1.77$であり，有意水準5%では実力が下がったと判定できる．有意水準1%では，まだそうは判定できない．
7. $z = 2.25$であり，有意水準5%ではこの人には念力があると判定してよい．有意水準1%では，まだそうは判定できない．
8. 略
9. グループAにおける治癒率を$\hat{p}_1$，グループBにおける治癒率を$\hat{p}_2$とすると，$z = -2.620$となる．有意水準5%でも1%でも帰無仮説は棄却され，新治療法は治癒率を高めると判定してよい．
10. 男性の賛成率を$\hat{p}_1$，女性の賛成率を$\hat{p}_2$とすると，$z = -1.903$となる．有意水準5%では女性のほうが賛成率が高いといえる．有意水準1%では，そうはいえない．
11. （1） $\dfrac{1}{n_1} + \dfrac{1}{n_2} \leq \dfrac{1}{100}$

    （2） 上の不等式は
    $$\frac{1}{n_2} \leq \frac{1}{100} - \frac{1}{n_1}$$
    $$\frac{1}{n_2} \leq \frac{n_1 - 100}{100 n_1}$$
    と変形できるので，第I象限の$n_1 > 100$の領域では，両辺の逆数をとって不等号を逆転させた
    $$n_2 \geq \frac{100 n_1}{n_1 - 100}$$

と等価であり，これをさらに変形すると
$$n_2 \geqq 100 + \frac{10000}{n_1 - 100}$$
となる．この式の不等号を等号に置き換えた式は，$n_1 = 100$ および $n_2 = 100$ を漸近線にもち，点 $(200, 200)$ を通る直角双曲線であるから，不等式を満たす領域はその上側で，下図の影をつけた領域となる．

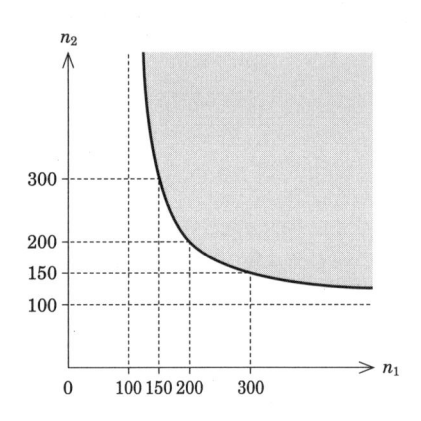

(3) それぞれ 200，300，600．

なお，参考までに知識を提供しておくと，複数の数の逆数どうしの平均を作り，そのまた逆数をとったものを，それらの数の**調和平均**(harmonic mean)という．二つの数 n_1 と n_2 に対しては，
$$\bar{n} = \frac{1}{\dfrac{\dfrac{1}{n_1} + \dfrac{1}{n_2}}{2}}$$
が調和平均であり，いいかえれば
$$\frac{1}{n_1} + \frac{1}{n_2} = \frac{2}{\bar{n}}$$
である．したがって，本問での求める領域の境界を画する曲線は「n_1 と n_2 の調和平均を 200 にするような点の軌跡」ということができる．このような「調和平均を一定値にする点の軌跡」は，その一定値の水準ごとに異なった曲線になり，それらを曲線群として図示すれば下図のようになる．これは一見すると両軸を漸近線とする直角双曲線のようにみえるが，じつはそうではなく，漸近線は曲線ごとに異なっている（縦方向，横方向ともに，$\bar{n}$ の値の半分のところに漸近線がある）．「比率の差」の確率分布の標準偏差を一定値以下に抑えるためには，その設定水準に応じて，

n_1 と n_2 の組み合わせが，これらの曲線のどれかを境にその右上側の領域に入るようにしなければならない．たとえば，標準偏差を2.5％以下に抑えるには，$\bar{n} = 800$ の曲線の右上領域を選ぶ必要がある．

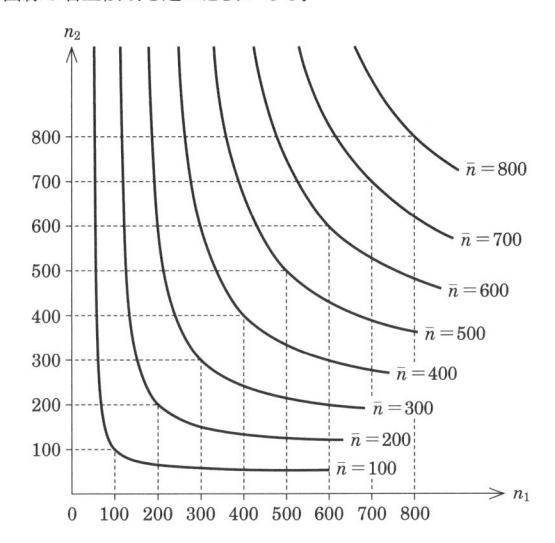

余談だが，「調和平均一定」という関係は，幾何光学でもレンズから被写体までの距離と像までの距離との関係として，おなじみのものである．

●付表● 標準正規分布表

負の無限大から z までの確率を与える．座標値の小数第1位までは縦軸に，小数第2位は横軸に示されている．

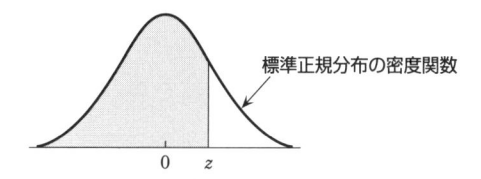

小数第2位

z	.00	.01	.02	.03	.04	.05	.06	.07	.08	.09
.0	.5000	.5040	.5080	.5120	.5160	.5199	.5239	.5279	.5319	.5359
.1	.5398	.5438	.5478	.5517	.5557	.5596	.5636	.5675	.5714	.5753
.2	.5793	.5832	.5871	.5910	.5948	.5987	.6026	.6064	.6103	.6141
.3	.6179	.6217	.6255	.6293	.6331	.6368	.6406	.6443	.6480	.6517
.4	.6554	.6591	.6628	.6664	.6700	.6736	.6772	.6808	.6844	.6879
.5	.6915	.6950	.6985	.7019	.7054	.7088	.7123	.7157	.7190	.7224
.6	.7257	.7291	.7324	.7357	.7389	.7422	.7454	.7486	.7517	.7549
.7	.7580	.7612	.7642	.7673	.7704	.7734	.7764	.7794	.7823	.7852
.8	.7881	.7910	.7939	.7967	.7995	.8023	.8051	.8078	.8106	.8133
.9	.8159	.8186	.8212	.8238	.8264	.8289	.8315	.8340	.8365	.8389
1.0	.8413	.8438	.8461	.8485	.8508	.8531	.8554	.8577	.8599	.8621
1.1	.8643	.8665	.8686	.8708	.8729	.8749	.8770	.8790	.8810	.8830
1.2	.8849	.8869	.8888	.8907	.8925	.8944	.8962	.8980	.8997	.9015
1.3	.9032	.9049	.9066	.9082	.9099	.9115	.9131	.9147	.9162	.9177
1.4	.9192	.9207	.9222	.9236	.9251	.9265	.9279	.9292	.9306	.9319
1.5	.9332	.9345	.9357	.9370	.9382	.9394	.9406	.9418	.9429	.9441
1.6	.9452	.9463	.9474	.9484	.9495	.9505	.9515	.9525	.9535	.9545
1.7	.9554	.9564	.9573	.9582	.9591	.9599	.9608	.9616	.9625	.9633
1.8	.9641	.9649	.9656	.9664	.9671	.9678	.9686	.9693	.9699	.9706
1.9	.9713	.9719	.9726	.9732	.9738	.9744	.9750	.9756	.9761	.9767
2.0	.9773	.9778	.9783	.9788	.9793	.9798	.9803	.9808	.9812	.9817
2.1	.9821	.9826	.9830	.9834	.9838	.9842	.9846	.9850	.9854	.9857
2.2	.9861	.9864	.9868	.9871	.9875	.9878	.9881	.9884	.9887	.9890
2.3	.9893	.9896	.9898	.9901	.9904	.9906	.9909	.9911	.9913	.9916
2.4	.9918	.9920	.9922	.9925	.9927	.9929	.9931	.9932	.9934	.9936
2.5	.9938	.9940	.9941	.9943	.9945	.9946	.9948	.9949	.9951	.9952
2.6	.9953	.9955	.9956	.9957	.9959	.9960	.9961	.9962	.9963	.9964
2.7	.9965	.9966	.9967	.9968	.9969	.9970	.9971	.9972	.9973	.9974
2.8	.9974	.9975	.9976	.9977	.9977	.9978	.9979	.9979	.9980	.9981
2.9	.9981	.9982	.9983	.9983	.9984	.9984	.9985	.9985	.9986	.9986
3.0	.9987	.9987	.9987	.9988	.9988	.9989	.9989	.9989	.9990	.9990

この表は，森棟公夫『統計学入門（第2版）』新世社，2000年刊より著者・発行者の許可を得て転載した．

索引

[あ行]

IQ 34
按分比例 28

上側1％点 138
上側2.5％点 36
上側5％点 111,138

円グラフ 18

帯グラフ 18

[か行]

回帰式 58
回帰値 59
回帰直線 59
回帰の変動 64
回帰分析 58
確率 49,53,89,90,95
確率分布 90
　標本統計量の―― 125,127
確率変数 90,95
　――の標準化 120
　離散的―― 92
　連続的―― 92
確率密度 21,92
カテゴリー 16,46

棄却 136
記述統計学 6,88
期待度数 49,51,138
帰無仮説 135
逆相関 57

級 16
級央値 17
級間変動 69
級区分 16
級内変動 69
級幅 19
級平均 69
共分散 56
行和に対する相対度数 53
曲線的な関係 68

区間推定 134
クロス集計 47,78
クロス集計表 47
　三重―― 78

決定係数 65,81

構成比 15
国勢調査 3
コントロールする 81

[さ行]

最小二乗法 58
最頻値 21
残差 59
　――の二乗和 59
　――の変動 64
三重クロス集計表 78
散布図 56
散布度 28

試行 3,49,90,115
資産保有額の分布 24
事象 53,90
質的変量 15
四分位偏差 44
重回帰分析 81
周辺分布 47

受容　136
順相関　57
所得の分布　24
信頼区間　134
信頼係数　134

推測統計学　6,88,96,127

正規近似　127,137
正規分布　8,32
　──の再生性　107
　──の密度関数　32
正規分布曲線　8,32
制御する　81
正の相関　57
セル　47
全数調査　3,94
全変動　64,69

相関
　逆──　57
　順──　57
　正の──　57
　負の──　57
　みかけの──　82
　無──　57
相関係数　57
　偏──　82
相関比　70
相対度数　16
　行和に対する──　53
　──の分布　50
　──の密度　20,25,27,92
　累積──　27
　列和に対する──　53
相対度数分布
　母集団の──　95,97,98,126

[た行]

対照群　11,140
大数の法則　119
代表値　21
対立仮説　135
打率　3
単回帰分析　81
単純集計　46

治験　11,140
治験群　11,140
知能指数　34
中位数　22
中央値　22
抽出
　非復元──　98
　標本──　94,97
　復元──　98
調和平均　154
直線的な関係　67,73

データ　14,88
点推定　134

統計的仮説の検定　135
統計的推定　132
統計量　89,95
同時確率　99
投資信託　106
同時分布　47
特性値　21,88
独立　50,88,98
独立性　48,98
度数　16
　期待──　49,51,138
　──の密度　19
　累積──　23,27
度数分布　15

索引

　　標本の—— 127
度数分布表 16

[な行]

内閣支持率 4, 132, 133

二項分布 40, 116

[は行]

場合の数 38
破壊実験 4

被験者 14
ヒストグラム 8, 18, 92
非復元抽出 98
標準正規分布 33
　　——の密度関数 35
標準正規分布曲線 33
標準偏差 29
表側項目 47
表頭項目 47
標本 4, 14, 88, 96
　　——の大きさ 14
　　——の度数分布 127
標本観測値 89
標本誤差 5, 88
標本サイズ 14, 47
標本抽出 94, 97
標本調査 4, 94
標本統計量 89, 95
　　——の確率分布 125, 127
標本標準偏差 29, 89, 95
標本比率 118, 132
標本分散 29, 95
標本分布 127
標本平均 22, 89
　　——の確率分布 101
比率 15, 118

　　——の分布 118
品質管理 41

復元抽出 98
負の相関 57
不偏推定量 134
不連続補正 138
分割表 47
分散 28, 56
分散投資 106
分散分析 77
分布関数 36

平均 22
平均値 22
ベイズの定理 54
ベルヌイ分布 113
変曲点 33
偏差 28, 56
　　——の積 56
偏差値 34
変数 15
偏相関係数 82
変動係数 147
変動比 73
変量 15
　　質的—— 15
　　——の標準化 34
　　離散的—— 15
　　連続的—— 15
母集団 4, 32, 89, 94, 96
　　——のサイズ 97
　　——の相対度数分布 95, 97, 98, 126
　　無限—— 8, 115
　　有限—— 7, 98
母集団比率 132
母集団平均 95

[ま行]

みかけの相関　82
密度関数　32
　　正規分布の——　32
　　標準正規分布の——　35

無限母集団　8, 115
無作為　97
無作為標本　98
無相関　57
無名数　57

メディアン　21

モード　21, 46

[や行]

有意差（有意な差）　140, 143
有意水準　136
有限母集団　7, 98

余事象　53

[ら行]

乱数表　98

離散的確率変数　92
離散的変量　15
リスク　106

累積相対度数　27
累積度数　23, 27

列和に対する相対度数　53
連関表　47
レンジ　102
連続的確率変数　92
連続的変量　15

三土修平
<small>みつちしゅうへい</small>

1949年　東京都生まれ．
1972年　東京大学法学部卒．
　　　　経済企画庁，神戸大学大学院経済学研究科，愛媛大学法文学部教授を経て，
　　　　現在，東京理科大学理学部教授．経済学博士(神戸大学)．
　　　　[著書]『基礎経済学』『初歩からの経済数学』(日本評論社)，
　　　　『よみがえれ！仏教』(世界聖典刊行協会)，『経済学史』(新世社)，
　　　　『初歩からの多変量統計』(日本評論社)など．
　　　　泰野純一のペンネームで書いた骨髄バンクの小説『しろがねの雲』
　　　　(潮出版社)は第14回潮賞受賞．

ミニマムエッセンス統計学 <small>とうけいがく</small>

2004年9月15日／第1版第1刷発行

著者　　三土修平
発行者　　林　克行
装幀　　山崎　登
発行所　　株式会社　日本評論社
　　　　〒170-8474　東京都豊島区南大塚 3-12-4
　　　　電話 03(3987)8621（販売）8599（編集）
印刷　　精文堂印刷株式会社
製本　　株式会社　難波製本
⃝C 2004　S. MITSUCHI　検印省略
Printed in Japan
ISBN 4-535-55396-3

初歩からの経済数学【第2版】

三土修平【著】

とっつきにくく難解とされる経済数学だが、本書は行列、対数、微分などを高校レベルまで戻って解説し、厳密さよりも数学をどんな場合に使うべきかを実例をもとに説く。今回、練習問題を充実させ、解答も付した。

◆3360円（税込）　A5判　ISBN4-535-55044-1

初歩からの多変量統計

三土修平【著】

現在の統計学の教え方は、理科系のスタイルであるという反省から、歌手岡村孝子の曲のアンケート調査を使って、数学と統計学の基礎から回帰分析、主成分分析、因子分析まで文科系の初学者向けに解説した労作である。

◆3675円（税込）　A5判　ISBN4-535-55083-2

数学の要らない因子分析入門

三土修平【著】

人文・社会科学方面で近年盛んに用いられるようになってきた因子分析と主成分分析とをモノにしたいが、かといって数学はどうも苦手という人のために、「数式より、ともかく実例を」の方針で書かれたユニークな入門書。

◆2625円（税込）　A5判　ISBN4-535-55217-7

初歩からのミクロ経済学【第2版】
——市場経済の論理と倫理

三土修平【著】

ミクロ経済学を学んでも「円」や「株」と直接つながらない。ミクロ経済学の基本的考え方の紹介を主眼としながらも、その知識が「円」や「株」の理解につながるよう工夫された学部1、2年生、一般教養向け教科書。

◆2940円（税込）　A5判　ISBN4-535-55197-9

日本評論社